防災工学

〈第2版〉

石井一郎　編著

丸山暉彦・元田良孝

亀野辰三・若海宗承

共著

森北出版株式会社

● 本書の補足情報・正誤表を公開する場合があります．当社 Web サイト（下記）で本書を検索し，書籍ページをご確認ください．
https://www.morikita.co.jp/

● 本書の内容に関するご質問は下記のメールアドレスまでお願いします．なお，電話でのご質問には応じかねますので，あらかじめご了承ください．
editor@morikita.co.jp

● 本書により得られた情報の使用から生じるいかなる損害についても，当社および本書の著者は責任を負わないものとします．

JCOPY 〈(一社)出版者著作権管理機構 委託出版物〉
本書の無断複製は，著作権法上での例外を除き禁じられています．複製される場合は，そのつど事前に上記機構（電話 03-5244-5088, FAX 03-5244-5089, e-mail: info@jcopy.or.jp）の許諾を得てください．

第 2 版の序

　本書の第1版第1刷が出版されたのは1996年10月で，阪神大震災の発生が契機である．著者石井一郎は現在東京近郊に居住しているが，出身地である神戸が廃虚となったことから，生家だけでなく，友人・知人の多くを失い，故郷を失った気持ちから，2度とこんなことがあってはならないと防災の知識を皆さんに知ってもらいたいと書いたものである．

　その後，約8年経った2004年は台風の当たり年で，10個も日本列島に上陸し，過去最多記録を更新し，各地に被害をもたらした．ことに新潟県は被害が大きかった．加えて10月23日には，新潟県中越地震が発生して，甚大なる被害をもたらした．その中心は長岡市であるが，著者丸山暉彦は長岡市に居住している．

　また，2004年12月26日にはスマトラ沖地震が発生して，インド洋大津波が周辺国の海岸に押し寄せて大被害をもたらした．

　以上のように2004年は，日本だけでなく，世界的にも防災を考え直す年とされるようになった．加えて，最近，防災，とくに地震対策としての住宅のリフォーム工事の重要性が認識されるようになったが，これに便乗して悪質業者が横行し，人々に多大の迷惑をかけるようになった．それで防災のためのリフォームの知識の普及の必要性が痛感されるようになった．本書はこれらのことに応じて第2版として改訂するものである．

　2005年7月

　　　　　　　　　　　　　　　　　　　　　　　　　　　　著者しるす

序

　わが国は古くから地震や火山噴火や津波や風水害や大火災などの災害に見舞われることが多く，地震やそれに伴う津波では多くの人命を失い，社会および経済活動に破綻を生じることすらあった．火山噴火による災害は局地的ではあるが，その地域は壊滅状態になった．大きな風水害では，破綻するまでには至らなくても，多くの人命を失うとともに大きな被害を受けた．

　この災害は世界的に見ても同じようなもので，主な災害を原因別に見ると，地震，火山噴火，津波，風水害，土砂災害，土地災害，気象災害，都市火災，爆発事故，環境災害に大別される．そして，これらはほとんどが自然現象であって，人為的に避けることは難しい．しかし，自然現象を調査解析することにより，その発生機構を解明して，前兆などから事前に予知することができれば，受ける災害を最小限にとどめることができる．ただ，これらの発生機構はまだ解明されていない分野が多く，事後の災害対策など問題点を多く抱えている．

　阪神大震災は晴天の霹靂(へきれき)で，関東大震災以来の被害をわが国に与えた．しかも，地震がないという神話のあった大都市神戸を中心とする地域を直撃し，近代都市を廃虚にしてしまった．これを機会にして防災に関して人々の関心が高まるとともに，大学高専の土木関連学科に「防災工学」というカリキュラムを設ける機運が生じるようになった．また，社会人である既卒業生にとってもその知識が求められるようになった．以上から本書は大学高専の半期の授業の教科書として，また既卒業生にとっては入門書の概論としてまとめたものである．

　なお，本書をまとめるに当たっては多くの方々のご協力を戴いた．そして多くの図書や文献を参考にさせて戴いた．一部の方にはお目にかかってご了解を戴いたりしたが，その他の方々には，参考文献一覧表として巻末にまとめて掲載し，必要あるときには[1]のように参考文献番号を付けて出典を明示した．なお，年号月日については，明治以前について原則として旧暦を用いた．

　　1996年4月

著者しるす

目　　次

第1章　総　　論 ……………………………………………… *1*
　1.1　災害の発生原因　*1*
　1.2　災害の被害構造と損失補填　*3*
　1.3　管理瑕疵責任　*3*
　1.4　防災に関する法律　*5*
　1.5　災害の損害保険　*6*
　1.6　人命の被害と補償　*10*

第2章　地　　震 ……………………………………………… *12*
　2.1　発生原因による地震の種類　*12*
　2.2　地　震　波　*12*
　2.3　プレート（岩板）による地震　*14*
　2.4　プレート内型地震（プレート破断型地震）と活断層による地震　*17*
　2.5　外国の地震　*19*
　2.6　千島海溝・日本海溝・相模トラフを震源とする地震　*21*
　2.7　駿河トラフ・南海トラフ・琉球海溝を震源とする地震　*23*
　2.8　日本海東縁変動帯および東日本火山フロントを震源とする地震　*24*
　2.9　西日本変動帯を震源とする地震　*29*
　2.10　誘発性地震　*33*
　2.11　地震発生前の大地の異常現象　*34*
　2.12　地震発生前の空の異常現象（電磁波の変化）　*39*
　2.13　地震発生前の音波の発生　*42*
　2.14　地震時発生前の動物の異常行動　*45*

第3章　火山噴火 ……………………………………………… *48*
　3.1　火山噴火の機構　*48*

3.2　火山噴火の種類　*51*
　3.3　火山噴火と地震の関連　*53*
　3.4　外国の火山噴火　*53*
　3.5　日本の火山噴火　*55*
　3.6　火山噴火の予知　*65*
　3.7　火山活動による災害とその対策　*67*

第4章　津　　波　*71*
　4.1　津波の発生　*71*
　4.2　外国で発生した津波の影響　*73*
　4.3　日本の津波の歴史　*75*
　4.4　津波対策　*79*

第5章　気象災害（風水害）　*81*
　5.1　ノアの洪水（ノアの方舟）　*81*
　5.2　日本の風水害　*83*
　5.3　治水の理念　*95*
　5.4　水　防　*97*
　5.5　市民の風水害に対する知恵　*98*
　5.6　冬期気象災害　*100*
　5.7　落雷対策　*104*

第6章　防災地質　*105*
　6.1　地殻の構成と地質　*105*
　6.2　道路崩落事故　*106*
　6.3　土砂災害　*109*
　6.4　侵　食　*115*
　6.5　地盤沈下など　*118*
　6.6　地形変化による災害　*120*
　6.7　土砂災害対策　*120*

第7章 都市火災 ……………………………………………………… *123*

- 7.1 異常気象による火災　*123*
- 7.2 地震による同時多発火災　*125*
- 7.3 戦時火災　*126*
- 7.4 爆発事故による火災　*129*

第8章 環境災害 ……………………………………………………… *131*

- 8.1 酸性降下物（酸性雨）　*131*
- 8.2 酸性降下物（酸性雨）による被害　*132*
- 8.3 地球の温暖化　*135*
- 8.4 海面上昇　*139*
- 8.5 フロンガス等によるオゾン層の破壊　*141*
- 8.6 原子力と放射能　*143*
- 8.7 放射能汚染　*145*

第9章 防災都市計画 ………………………………………………… *148*

- 9.1 都市計画における防災手法　*148*
- 9.2 都市街路の防災機能　*151*
- 9.3 都市公園・都市緑地の防災機能　*153*
- 9.4 樹木の防災機能　*153*
- 9.5 街路樹の配植設計　*155*

第10章 災害対策（救援救護体制） ………………………………… *157*

- 10.1 世界の災害対策　*157*
- 10.2 わが国の災害対策の基本的枠組み　*158*
- 10.3 災害の予知と通報・周知　*162*
- 10.4 災害対策の体制　*164*
- 10.5 消防活動　*168*
- 10.6 救急医療体制　*169*
- 10.7 自衛隊との連携　*170*

第11章　社会基盤と生活関連施設 ……………………………………………… *171*
11.1　都市型地震災害　*171*
11.2　アメリカの地震対策（ロマプリータ地震の経験）　*172*
11.3　社会基盤（インフラストラクチャー）　*172*
11.4　生活関連施設（ライフライン）　*178*

第12章　建　築　物 ………………………………………………………………… *183*
12.1　悪い地盤と建築物の基礎　*183*
12.2　宅地造成の規制　*184*
12.3　建築物の耐震構造　*184*
12.4　木造建築物のリフォーム　*189*

第13章　破　　　綻 ………………………………………………………………… *190*
13.1　地震による災害　*190*
13.2　日本の破綻　*191*
13.3　地震による経済破綻の国際化　*195*

参考文献および引用文献 ……………………………………………………………… *197*
索　　引 ……………………………………………………………………………………… *199*

第1章 総　　論

1.1 災害の発生原因

（1）災害の自然的因子

　わが国は環太平洋変動帯に属して地震・火山活動が活発なうえに，台風の常襲地帯に位置して豪雨・豪雪にも見舞われやすく，地形的・地質的にみても災害に弱い国土となっている．都市は河口などの沖積層の軟弱地盤上に形成されていることが多く，立地条件は悪い．そのうえに過密な市街地が多く，住宅のほとんどは木造家屋であることから，都市は古くからたびたび地震や風水害などの災害に見舞われた．そして，そのつど，貴重な人命を失い，財産は多大の損失を被り，国としての経済活動にも大きな影響を受けた．

　なお，災害は自然現象と人間社会との接点で発生するものであって，ほとんどが自然的因子によるものである．主な災害を大別してつぎに示す．

【エネルギー的因子によるもの】

1）**地震・津波**：社会基盤（インフラストラクチャー）やビル・住宅などの構造物の破壊（図1.1参照），生活関連施設（ライフライン）の破壊．特徴は同時多発火災の危険性とプレート間型地震の場合の津波．

2）**火山噴火**：火山溶岩や火山泥流の流出，火山灰などの吹上げ，津波．

3）**気象災害（風水害）**：台風による風水害，集中豪雨による洪水，および雪害・雪崩・凍害などの冬期の災害．

4）**都市火災**：地震による火災，異常気象による大火，延焼火災，戦時火災．

5）**爆発事故**：都市ガスおよびプロパンガスなど爆発性ガス取扱い施設，火薬類，爆発性物質の製造貯蔵施設，石油等危険物取扱い施設などの爆発．核汚染（放射性物質の拡散と降下および原子力発電所事故），海洋汚染，コンビナート事故，有毒物質の製造貯蔵施設の倒壊などの人為的事故．

【自然環境的因子によるもの】

6）**防災地質**：地質不良による斜面崩壊（山崩れ，崖崩れ，岩崩れ，岩石崩壊），地

図1.1　阪神大震災における崩壊した阪神高速道路から落ちそうになったバス

形不良による地すべり（法面の崩壊），土石流（山津波，泥流），液状化現象（地盤の崩壊）などの土砂災害，および侵食，地盤沈下等，地形変化などの土地災害．

7）**環境災害**：酸性降下物などによる森林破壊を遠因とする災害，土壌汚染，地球温暖化現象による災害，オゾン層破壊による災害

上記のうち，1）地震・津波，2）火山噴火，3）気象災害（風水害），4）都市火災（延焼火災と戦時火災を除く），6）防災地質などは，自然現象として異変が生じ，これに対して個人・集団・組織・社会などが適応できず，その結果に生じる生命・財産・社会秩序などが破綻状態となるものであり，これを自然災害という．なお，人類は自然災害に遭遇すると，それに対処する知恵を身に付けるが，この知恵の集積を災害文化ということがある．自然災害以外の災害を人為的事故という．

都市災害の特徴として，上述のように過去にわが国では歴史的に大火災が多発しており，地震が同時多発火災の誘因となっていることが多い．現代では都市計画事業の推進，建築物の不燃化の推進，消防力の強化，早期消火の努力などにより，出火件数が増加したにもかかわらず，大規模な火災は減少している．

風水害については土地の開発に伴い降雨の流出増大と流出時間の短縮が生じ，その結果，都市河川の氾濫や内水による市街地の浸水の被害が増大する傾向にある．一方，生活水準の向上と都市構造の多様化ならびに複雑化によって被害は増加した，化学工場，化学材料倉庫，都市ガスおよびプロパンガスなどの爆発による風圧と火災による被害は，今後の都市防災対策の重点の一つとなっている．

（2）災害の人為的因子（防災の不手際）

上述のように，自然災害の発生は自然的因子によるものであるが，災害としては，これに防災の不手際という人為的因子が加わる．そのうちの技術的因子によるものとして，①災害調査不十分，②予測予報体制不十分，③防災施設の不備不適と管理不良，④被害拡大抑制機構の不備，⑤危険地の放置，⑥避難救護救援体制の不備などがある．また，社会的因子によるものとしては，⑦乱開発と環境破壊，⑧過密と過疎，⑨開発規制法の不備，⑩防災教育の不足による災害に対する無知と未知などがある．

1.2　災害の被害構造と損失補填

自然災害については第2章以降で災害の実状とその対策について述べるが，万全の対策をとっても相手は自然であり，対策には限度がある．また，万全の策をとるよりも，補償や保険などのソフト面で対応する方がよい場合もある．

直接的被害としては，公共被害として社会基盤（インフラストラクチャー）と生活関連施設（ライフライン）の機能停止や破損がある．社会基盤として，道路，鉄道，港湾，河川などがあり，生活関連施設として，通信施設，電気，水道，ガスなどがある（第11章で詳述）．住民である個人の被害として，死傷するだけでなく，住居や家財を喪失したり破損したりする．生産手段の喪失破損も加わり，住民は心理的不安に駆り立てられる．

間接的被害は慢性的になるものであるが，物資欠乏による一時的物価高，生態系破壊による環境悪化，過疎促進，階級格差の増大などを招く．

個人の住宅や家財の被害に対しては，1.3～1.5節で述べるとおりであり，個人で対応すべきであって，国民の税金による財政資金を投入することはできない．また企業の生産手段の喪失破損についても同じである．

1.3　管理瑕疵責任

社会基盤である土木構造物の占有者はそれぞれの管理者であり，管理に瑕疵があるときには民法717条による工作物管理責任を負わねばならない．管理者は被害を受けた人に対して国家賠償法第2条「公の営造物の設置管理の瑕疵に基づく損害の賠償責任」に基づき賠償責任を負うことになる．この責任は無過失責任であって，過失の有無にかかわらず，責任を負担することになる．

風水害において，河川が氾濫するなどして人々が被害を被った場合に，河川そのものが自然公物であることが多く，管理瑕疵責任を問われる度合いは低い．河川管理者

の責任は人工工作物である河川管理施設である河道に限定され，護岸の破損箇所を放置して堤防決壊を招いた場合とか，河川堤防から溢水するような場合には管理瑕疵責任を問われる．5.2節で後述する例のほか，新潟県の加治川堤防決壊事故や鹿児島県の川内川氾濫事故などの例がある（図1.2参照）．

　地域計画としての開発都市づくりにおいて，総合的な立場からみると治水の面で欠陥があったとしても，河川管理者の管理瑕疵責任が問われることはない．開発業者によって山が崩されて水田や溜め池が埋め立てられると，森林で覆われた山は水源地としての保水能力はなくなり，水田や溜め池などの遊水池がなくなって，河川の流出係数が大きくなる結果，洪水の危険を招くようになる．しかし，河川管理者の瑕疵責任が問われることはない．大阪府下の寝屋川水系の氾濫した大東水害事故のように，間違った地域計画が原因で浸水被害があったとしても，河川管理者の管理瑕疵責任を追求できない．大雨が降って内水（河川に入る前の水）を排除することができず，浸水により人々の住宅が被害を被ったとしても河川管理者には責任はない．

図1.2　鹿児島豪雨による洪水（鹿児島県提供）

　道路とか港湾とか空港などは人工の工作物であるとの見地から，管理瑕疵責任が問われる度合が高い．この場合に，予算の都合とか，人手が足りないとか，従来の技術では不可能であるとかは理由にならない．6.2節で後述する国道41号の飛騨川事故の土砂災害は，裁判所の判断は「土石流の発生は予見可能であり，事前の交通規制を的確に運用すべきであった．道路上に発生した自然災害はほとんど人災である」として道路管理者の瑕疵責任を100％認めた．また，6.2節で後述する落石シェッドの崩壊による事故なども同じである．

　飛騨川事故を契機として，道路管理者は異常気象時における通行規制を行うようになり，交通遮断機まで設けられるようになった（図1.3参照）．このように，自然災害から受けた損害を補償することができるのは，国家賠償法により，国や地方自治体

図1.3 交通遮断機

に管理瑕疵責任がある場合に限られる．ほかの場合に，自然災害で損失を被っても国や地方自治体から補償されない．

1.4 防災に関する法律

防災に関する法律について下記に述べる．
1) 地震保険に関する法律：1.5節で後述する．
2) 活動火山対策特別措置法：3.7節で後述する．
3) 災害対策基本法：5.2節と5.4節および10.2節で後述する．
4) 森林法：5.3節で後述する．
5) 砂防法：5.3節で後述する．
6) 河川法：5.3節および5.4節で後述する．
7) 気象業務法：5.3節で後述する．
8) 水防法：5.4節で後述する．
9) 豪雪地帯対策特別措置法：5.6節で後述する．
10) 急傾斜地の崩壊による災害の防止に関する法律：6.3節で後述する．
11) 地すべり等防止法：6.3節で後述する．
12) 工業用水法：6.5節で後述する．
13) 建築物用地下水の採取の規制に関する法律：6.5節で後述する．
14) 防災集団移転特別措置法：6.7節で後述する．
15) 消防法：7.1節および10.5節で後述する．
16) 石油コンビナート等災害防止法：7.4節で後述する．
17) 特定物質の規制等によるオゾン層の保護に関する法律：8.5節で後述する．
18) 大規模地震対策特別措置法：10.2節で後述する．

19) 災害救助法：10.2節で後述する．
20) 災害弔意金の支給等に関する法律：10.2節で後述する．
21) 公共土木施設災害復旧事業費国庫負担法：10.2節で後述する．
22) 災害融資関連法：10.2節で後述する．
23) 災害補償関連法：10.2節で後述する．
24) 災害被害者に対する租税の減免，徴収猶予等に関する法律：10.2節で後述する．
25) 激甚災害に対処するための特別の財政援助等に関する法律：10.2節で後述する．
26) 国際緊急援助隊の派遣に関する法律：10.4節で後述する．
27) 宅地造成等規制法：12.2節で後述する．
28) 建築基準法：12.3節で後述する．
29) その他：住宅・都市計画関連法，雇用保険法などの被雇用者等対策などがある．

1.5 災害の損害保険

(1) 損害保険の理論

個人の住宅などの復旧は個人の責任で行わなければならない．また，上述したように，国なり地方自治体があらゆる防災措置を講ずるとしても限度があり，自然災害には勝てないことが多い．風水害を例にとると，経済効果や民生安定なども配慮して，ある程度以上の超過確率による風水害に対しては治水事業を行うよりも災害補償制度の方が適当とされている．人々が国や地方自治体に頼るのにも限度があって，個人責任として防災に努める必要があり，国や地方自治体の行うハードの災害対策と平行して，個人の行うソフトの災害対策（金銭的救済）が必要とされている．

自然災害に遭遇して致命的な打撃を受けた場合の金銭的救済方法としては，①国家賠償法による場合，②国の災害補償による場合，③損害保険制度および生命保険制度による場合がある．①は1.3節で述べたとおりで，②は1.4節の23) 災害補償関連法で，③は個人の責任において行う災害対策である．

この③の損害保険制度はリスクを回避するための国民の相互援助契約のようなものであるが，保険が成立するためにはいろいろな条件がある．

損害保険制度は，人々は損害保険会社に年々保険料 a を支払っておき，災害に遭遇したときには，契約しておいた金額の保険金 A を受け取って，災害後の復旧資金として使用するのである．この場合に，受け取る保険金 A は人々が年々支払った保険料 a の総額に比べて，大きな金額でなければならない．支払う保険料 a が高ければ，保険に入るよりは積み立てておいた方がよいからある．

一方，損害保険会社としては，契約者から入った保険料を資金として国債や公債な

どの債券を購入したりして，有利に運用する．そして，災害が起きると契約者に契約した保険金Aを支払う．損害保険会社が支払う保険金Aの総額よりも契約者から入ってくる保険料aの総額の方が多くなければ，損害保険会社は事業として成立しない．

ここに，ある1年間に災害の発生する確率をfとし，保険料を集めたり支払ったりするための経費をcとし，運用益をbとすると，

$$fA + c < a + b$$

なお，bはaに比べてあまり大きくはなく，積み立てられた資金は有利に運用するとして，bとcはほぼ等しいものと仮定する．損害保険が事業として成立するためには，

$$f < a/A$$

損害保険が事業として成立するための条件として，災害の起きる確率fが重要となる．まれにしか生じない災害に対しては人々は起きないものとの先入観があって，保険の必要性を感じないし，反対にしばしば起きる災害では支払う保険料aが高額になって加入者が少なくなる．それで保険の対象となる災害の起きる確率fは，10〜0.01％でないと事業として成立しない．

また，損害保険会社の保険金A支払いの安定性の問題がある．地震を例にとると，大地震が発生すると損失面積が大きく，広範囲の大勢の人々に一度に巨額の保険金Aを支払わねばならず，年々支払う保険金Aの変動が大きいという欠点がある．このために準備金を多く用意しておく必要が生じる．また，地域により地震の発生する確率が異なっていて，確率の低い地域の人々は加入しないために，確率の高い地域の人々を対象とすることになり，保険料aが高くなる．

風水害の場合を例にとると，災害の起きる確率fは，10〜0.01％の範囲にあることから損害保険として事業は成立するが，損失面積は全国的にみて，少ない年は約4万m^2で，多い年は516万m^2とその変動差が大きい．その上に危険度は地域と地形に左右されることもあって，被害発生地域が特定される．

(2) アメリカの損害保険

アメリカでは1968年に水害保険法が成立している．その目的は被災者の救済と同時に，氾濫原管理と連動させて被害ポテンシャルを抑えることにある．氾濫原管理とは洪水氾濫の危険度の高い区域について，超過確率年による頻度と浸水深によって洪水危険度を表し，洪水危険度によってゾーニングを行う．ゾーンによって保険料率が異なり，氾濫原内に新築する建築物については保険料を高くして氾濫原内の建物の増

加を抑制している．この水害保険制度の基礎は水害危険区域のゾーニングであり，水害危険度の判定とその公開から，住民は自らの責任で判断して手段を選択する．これが防災の基本である．加入は任意であるが，加入していないと，被害を受けた場合に政府の災害援助を受けるのに不利となっている．日本にはこのようなシステムはない．

なお，1994 年のアメリカのノースリッジ地震では，壊れた住宅のうち地震保険に入っていたのは約 1/4 で，資力のない人もあり，街の一部はゴーストタウン化した．

(3) 日本の損害保険

上述のように，危険度が年により異なるとか，地域によって異なるような場合には，大数法則には乗らず，保険は事業として難しい面がある．このことから，わが国の損害保険制度としては，地震による災害（地震による倒壊・火山噴火・津波・地震による火災）に対しては契約保険金の上限を設定し，風水害に対しては保険金の支払いを限定する方策がとられている．なお，地震保険は昭和 39 年（1964 年）の新潟地震を契機として「地震保険に関する法律」が昭和 41 年（1966 年）に制定されて誕生したものであり，住宅および家財について損害保険会社等が引き受けた地震保険の再保険を政府が一定の条件により引き受けるものである．なお，地震の危険度の高い地域ほど保険料が高く，都道府県別に，図 1.4 に示すように保険料率は分けられている．

現在，個人の住宅の災害対策として，①住宅火災保険，②住宅総合保険，③団地保険の三種類があり，これに④地震保険が入る．①の住宅火災保険は火事（図 1.5 参照）と落雷と爆発のときにだけしか保証されないが，②の住宅総合保険の場合には，これに加えて，消防破壊・消防冠水や風水害や車両の飛び込みなどの 16 種類の災害や事故に対応できる．しかし，上述のように風水害の被害については損害の全額は支払われない．③団地保険は鉄筋コンクリートづくりの住居を対象とした②の住宅総合保険に似たようなものである．そして，保険料率は地域によって異なる．なお，この三つの保険のいずれかを親契約として，④地震保険をつけることにより個人の防災対策が完了したことになるが，上述のように地震保険の支払いにも上限が決められていて，5,000 万円を限度として，親契約の半額が保険金として支払われる．

現在の住宅の損害保険制度では，上述した理由から火事と落雷と爆発のような事故では保険金で十分な復旧資金が得られるが，地震と水害については保険金だけでは十分な資金が得られない欠点が残っている．もし保険金の支払いを限定しないならば，自動車損害賠償保険（略して自賠責保険といい，通称では強制保険という）のように，保険料を全国同じとしてならし，住宅を所有するすべての人々が入る強制保険とするほかない．強制保険として災害を十分に相互援助するという政策をとり，加えて公的保証がなければ，災害による損失をカバーすることはできない．

一方，6.2 節で後述する道路崩落事故が多発し，大事故が発生したときに，国の場

1.5 災害の損害保険　9

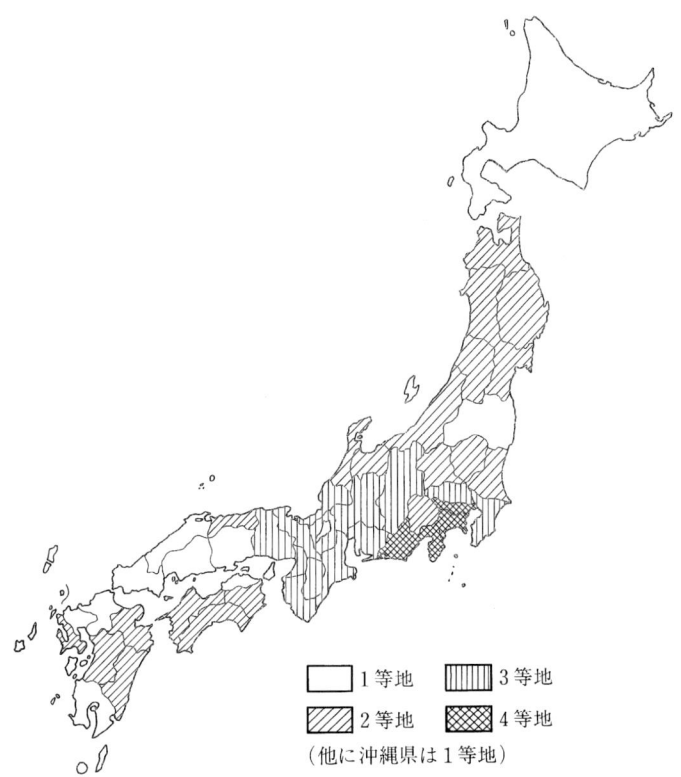

図1.4　地震保険のための都道府県別危険度地図

図1.5　住宅の火事

合はともかくとして，地方自治体では財政力が弱いため対応できなくなった．この対策として，対象施設を道路とし，道路管理者を被保険者とする「施設所有（管理）者賠償責任保険（施設賠償責任保険）」が昭和50年（1975年）に発足した．さらに道路を含めて自治体が管理するほとんどすべての社会基盤施設を対象とし，自治体を被保険者とする自治体賠償責任保険となり，昭和59年（1984年）からは全国町村会と全国市長会との団体契約となっている．

1.6 人命の被害と補償

自然災害に対して死者が出ないようにしなければならないが，貴重な人命が失われることが多い．1.3節と1.5節で前述した以外は生命保険に加入しているほかには補償されない．有史以来の世界で最大の災害は，1556年に中国の上海で起きた83万人の死者を出した地震で，最近では1976年の中国の唐山地震での死者24.2万人とされているが，一説には65万人ともいわれる．明治以降の日本で1,000人を超える死者の出た災害と，その主原因を述べる．

濃尾地震	倒壊	死者7,273人
明治三陸地震	津波	死者26,450人
関東大震災	火災	死者99,331人，行方不明43,476人
北丹後地震	倒壊	死者2,925人
昭和三陸沖地震	津波	死者3,008人
鳥取地震	倒壊	死者1,083人
東南海地震	倒壊	死者1,223人
三河地震	倒壊	死者2,306人
南海地震	倒壊	死者1,432人
東京大空襲	火災	死者約10万人（昭和20年3月10日）
他都市の空襲	火災	死者約40万人（昭和20年全国合計）
広島原爆	火災	死者約20万人（昭和20年8月6日）
長崎原爆	火災	死者約10万人（昭和20年8月9日）
枕崎台風	水害	死者・行方不明3,128人
キャサリン台風	水害	死者・行方不明1,930人
西日本水害	水害	死者・行方不明1,028人
福井地震	火災	死者3,895人
伊勢湾台風	高潮	死者・行方不明5,012人
阪神大震災	倒壊	死者6,433人（図1.6参照）

図 1.6　圧死が 87％を占める阪神大震災の家屋の倒壊

第2章 地震

2.1 発生原因による地震の種類

地震は地下のプレート（岩板といい，2.3節で後述）や地殻の破壊によって発生するものであって，発生原因によってつぎのように分けられる．
1) **構造性地震**：プレートの生成によってプレートや地殻にストレス（歪）が溜まり，その応力の変化によって発生する．2.3節以降で後述する．
2) **火山性地震**：地下のマグマが原因で発生する．3.6節で後述する．
3) **熱水型地震**：温泉地帯である場合に，上昇するマグマや火山ガスによって300～500℃の熱水が地下の岩盤の隙間に供給されて加水反応が生じ，岩盤の体積が増加する．これによって周囲に圧力をかけることになり，ストレスの力が地下にある活断層をはじめとする割れ目などに集中して破壊が起きる．これが地震の原因であって，3～10 kmの深さで地下水が豊富である場合に，群発地震が発生する．したがって，震源は浅い．そのマグマがさらに上昇すると第3章で後述する火山噴火となる．
4) **誘発性地震**：地殻のストレスが何らかの刺激によって開放されるときに発生する．2.10節で後述する．

2.2 地震波

最初の破壊の起こった地点を震源といい，震源の真上の地表の点を震央とよぶ．一般的には震源が地下にあることから震央を震源地とよぶことが多い．
（1）P波（縦波）とS波（横波）の反射と屈折
地震波は元来は簡単な波形であるが，地震波が地層の境界面に達すると，光波と同じように反射と屈折を起こし，地震波の場合にはP波（縦波）とS波（横波）の二つの波があることから，それぞれが反射波と屈折波とを生じる．地表近くでは地質構造が複雑であるために，地震波はいくつもの地層の境界面を通り抜けるたびに反射と屈

折を繰り返し，多くの反射波と屈折波を発生して，地表に到達するときにははなはだ複雑な波形になる．このために地面の振動はゆさゆさと何回も続き，揺れ方も複雑で，阪神大震災の例のように，わずか1km離れているだけでも被害の状態がまるで異なるのである．なお，地面の揺れ幅は人が感じるよりもはるかに小さなもので，震度4（人がびっくりして家の中にいるのが恐くなる場合）でもわずか1〜2mmの揺れしかない．

なお，地震波の速さはP波の方が速くて,5〜13km/s, S波の方が遅くて,約3km/sである．P波は物質の粗密の変化であって，固体・液体・気体のいずれの場合にも伝わるが，S波は物質の変形で固体の中しか伝わらない．

（2）上下動と水平動

地震波は地表に近いほど遅くなり，大きく曲がるので，地震波は地表からみれば必ず下からやってくることになる（図2.1参照）．そしてP波は進行方向と同じ向きに振動し，S波は進行方向と直角な向きに振動することから，人はP波を上下動と感じ，S波を水平動として感じる．

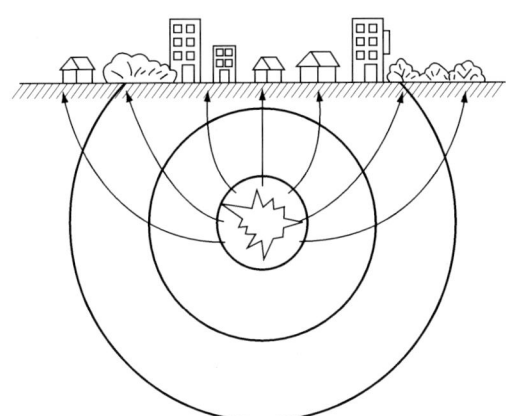

図2.1 地震波の経路

（3）伝播速度と振幅

地震波の伝播速度は岩石などの堅い地層では速く，軟らかい地層ほど遅くなる．そして軟らかい地層ほど振幅が大きくなる．地表に近いほど地層は軟らかいことが多いので，地震波は地表に近づくにつれて速度は遅くなり振幅が大きくなる．新しい沖積層や埋立地では，急に遅くなるとともに振幅が大きくなる．

（4）共振現象

比較的堅い地層の上に比較的軟らかい地層が乗っている場合では，軟らかい地層の

固有振動周期に，下からくる地震波の振動周期が一致することがある．比較的堅い砂利層や粘土層の上に軟らかい沖積層が10～20 m 堆積しているような場合においては，この沖積層の固有振動周期が0.5～1.0秒ぐらいで，地震波のS波の振動周期がほぼ同じことがある．このような場合に軟らかい地層の固有振動が誘起されて，地上の振動振幅がさらに大きくなる．さらに，木造家屋は，ちょうどこのくらいの固有振動周期である建物が多く，家屋までが共振を起こして大きく揺れ動くのである．これが木造家屋の倒壊につながる．

（5）地震の強さ

地震のエネルギーの大きさは震源の強さで表される．この震源の強さは，震源から100 km の箇所で，固有周期0.8秒，倍率2,800倍の地震計に記録された地震動の最大振幅をミクロン μ の単位で計り，その値を10を底とする対数値で表し，マグニチュードといい，記号として M を用いる．

震源地および周辺各地における地震によって生じる地面の揺れの大きさを加速度の単位（gal）で表す．1 gal とは秒速が毎秒1 cm 速くなる加速度をいい，地球の重力，つまり物の自然落下するときの重力加速度は 980 gal であって，1 G と表す．さらに，揺れを測定する強震計の表示する地面の揺れの大きさを震度で表す．一般に外国では12段階で表しているが，わが国では，表2.1で示す10段階の震度階級が用いられている．震度は"びっくり度指数"で，震度3（8～25 gal）になると人は落ち着いていられなくなり，震度4以上（25 gal を超える）では何らかの被害が生じる．

表 2.1　わが国の気象庁で決められている震度階級

計測震度の値	階級	説明（人間の場合）
0.5 未満	0	人は揺れを感じない．
0.5 以上 1.5 未満	1	屋内にいる人の一部がわずかな揺れを感じる．
1.5 以上 2.5 未満	2	屋内にいる人の多くが，揺れを感じる．眠っている人の一部が目を覚ます．
2.5 以上 3.5 未満	3	屋内にいる人のほとんどが揺れを感じる．
3.5 以上 4.5 未満	4	かなりの恐怖感があり，一部の人は身の安全を図ろうとする．眠っている人のほとんどが目を覚ます．
4.5 以上 5.0 未満	5弱	多くの人が身の安全を図ろうとする．一部の人は行動に支障を感じる．
5.0 以上 5.5 未満	5強	非常な恐怖を感じる．多くの人が行動に支障を感じる．
5.5 以上 6.0 未満	6弱	立っていることが困難になる．
6.0 以上 6.5 未満	6強	立っていることができず，はわないと動くことができない．
6.5 以上	7	揺れにほんろうされ，自分の意志で行動できない．

2.3　プレート（岩板）による地震

地球の中心を核といい，地球の表皮を地殻（花崗岩層と玄武岩層よりなる）という．

その間の層をマントルという．そして，マントルの地殻に接している層をリソスフェアといい，一つの単位の広さのリソスフェアが動くときに，プレート（岩板）という．その厚さは約100 km もある（図2.2および2.3参照）．

地球にはプレートが十数枚あるが，プレートごとに，それぞれプレートが生成した

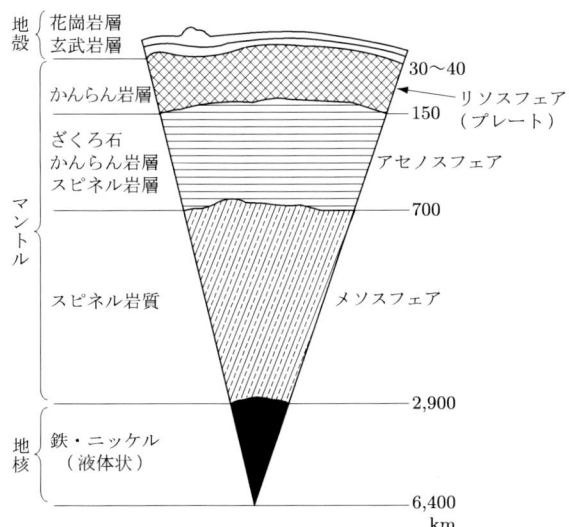

図2.2　地球の内部構造

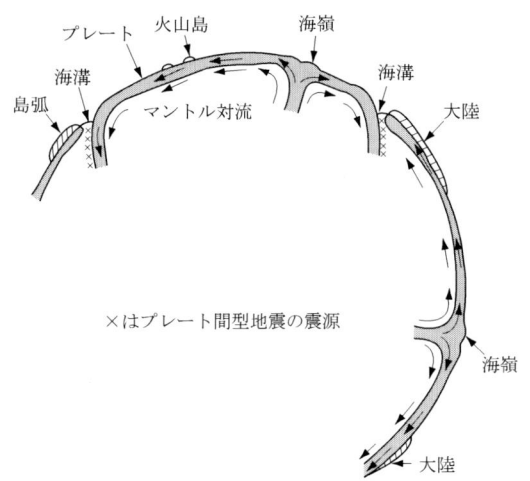

図2.3　プレートの生成と消失[55]

ときの違いがあって，速度も異なる．太平洋の海底で生成された太平洋プレートは約8.5 cm/年の速度で西に向い，約1億年かかって太平洋を横断した．日本列島の北半分は北米プレートに載っていて，この下に太平洋プレートが潜り込もうとしている．このほか，ユーラシア・プレート（アムール・プレートともいう）が東に向かって日本列島を押している．なお，日本列島の南半分はユーラシア・プレートに載っていて，その下にフィリピン海プレートが潜り込もうとしている．これらを沈み込み型といい，

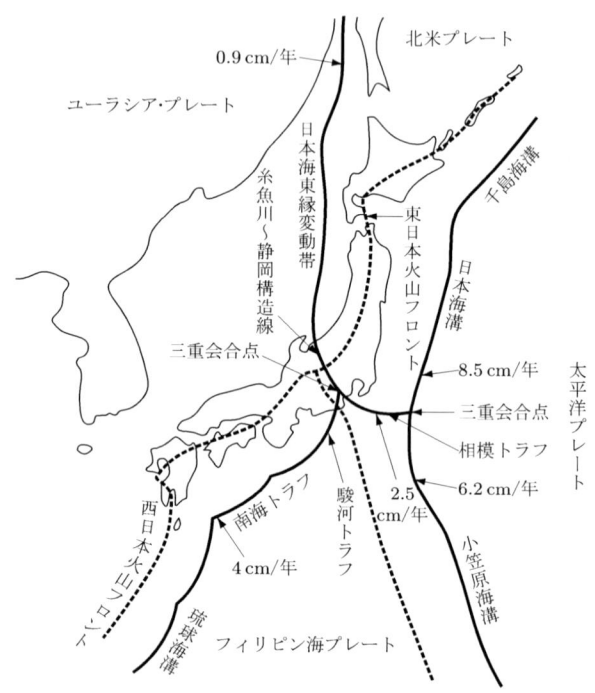

図2.4　日本周辺のプレートのプレート境界と火山フロント

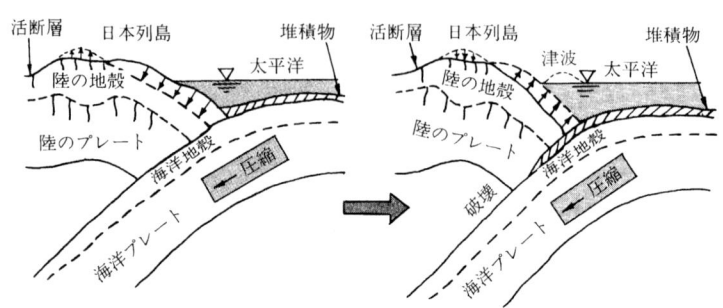

図2.5　プレート間型地震の発生メカニズム

プレートの沈み込む場所をサブダクション・ゾーンという．ここを海溝というが，深さが 5,000 m より浅く舟形をした凹みの場合にはトラフという（図 2.4 参照）．

プレートが潜り込もうとするために上のプレートが変形をきたし，8～10 m ぐらい潜り込むと，その変形が限界に達して反発して跳ね上がり，そのエネルギーが地震を起こすとともに，海面を上昇させて津波となる（図 2.5 参照）．

地震は地球上どこにでも起きるものではなく，地震が繰り返し起きる地域を地震帯といい，日本列島は環太平洋地震帯に属する．プレートの境界部が変動帯となり地震を起こすことから，これをプレート間型地震（プレート境界型地震，海溝型地震）という．地球上に数あるプレートごとに年間移動速度が異なることから，跳ね上がる限度からしてプレートの境界部ごとに地震の発生間隔は異なる．日本周辺では 80～200 年間隔で繰り返されることが多い．

プレート間型地震のエネルギーを開放する時間差によってつぎの種類がある．

1） **通常地震**：通常は 2 分以内であるために，周期の短い激しい揺れを発生させて大被害を与える．大部分のプレート間型地震がこれに属する．
2） **低周波地震（スロー地震）**：潜り込もうとするプレートの上に堆積物がある場合，堆積物が上下のプレートの摩擦を和らげるクッションとなり，プレート間の活動に時間を要することから地面の揺れは小さい．5～10 分ぐらいかかる場合で，しかも海底が浅い場合には，海底の上下動が波を起こして津波が発生する．これを低周波地震（スロー地震）という．震度は 1 か 2 ぐらいの弱い地震であるが，突然沿岸に津波が押し寄せる．
3） **サイレント地震**：エネルギーを開放する時間が 1 日から 1 週間もかかる場合で，揺れもなく，津波もなく，被害もなく，人々は気付かない．地震計に記録される程度である．これをサイレント地震という．

2.4 プレート内型地震（プレート破断型地震）と活断層による地震

プレートどうしの押し合いでプレート内部にストレスが蓄積されるが，プレートが割れることにより蓄積されたストレスが開放されるとともに地震波が発生する．これをプレート内型地震（プレート破断型地震）といい，2.3 節で前述したプレート間型地震と合わせて単にプレート型地震という．

プレートの上部には厚さ 30～40 km の地殻が載っている．なお，プレートと地殻は一体のもので，併せてプレートということがある．プレート地震が起きると，プレートや地殻の岩盤が弱まって割れ目が生じ，その傷痕として残るのが断層である．そして今後も活動をする可能性のある断層を活断層という．日本列島は水平方向に強く

押されながら隆起しているので，活断層の周囲に圧縮によるストレスが溜まる．ストレスが限界に達すると，深部の断層面（震源断層）を境にして，その両側の岩盤が食い違うように滑り動いて岩盤が破壊され（断層運動という），それが地震波となって地中を伝わって地表に達したときに地殻内地震となる．活動の周期は1,000～10万年単位で，ほぼ定期的に岩盤が動く．これを活断層型地震（活断層地震）といい，地表に現れた断層を震源断層に対して地震断層という．そして大きな地震でない限り地震断層は現れない．しかし，阪神大震災での震源断層である六甲断層帯のように，淡路島の野島断層と一緒になって巨大地震を起こしながら，地表に地震断層を現さなかった例外もある．上記した地殻の岩盤の動く原因はプレートどうしの押し合いによるプレート内部のストレスが開放されることによるので，活断層型地震はプレート内型地震の一種である．

　地下深くの震源断層は，1本の連続した直線的なものとして想定されているが，地殻には過去の地殻運動によって無数の弱い構造線を内在していて，地表の地震断層は震源域の広がりに対応して長さ数kmから数十kmに及ぶ多数の断層の集合体として現れる．活断層型地震の特徴として，①同じ場所で活動し，②何本か固まって動く傾向があり，③活断層ごとに活動する年数間隔が異なり，④性格も異なり（たとえば，近畿地方や中部地方にある活断層が活動するときには，他地方とは異なり，水平のずれよりも上下のずれの方が大きい特徴がある），⑤延長線上の同じ系列の断層内では隣接箇所の活動につられて活動する．

　活断層は日本中の至る所にあるが，活断層による地震の発生頻度はプレート型地震に比べて少ない．しかし，地殻は陸上であることが多いので内陸直下型地震となり，被害は大きい．逆に内陸直下型地震の大部分は活断層地震と考えてよい．例として阪神大震災は，ユーラシア・プレートが東方へ押していることにより生じたストレスを解消しようとして，有馬～高槻構造線活断層系の野島断層（図2.6および2.7参照）が動いた地震である．

　日本で活断層の位置の判明しているものは約2,000本であるが，もっとあるともされている．調査が行われているが，地震の発生する位置と強さ（マグニチュードM）の予測が可能である活断層は非常に少ない．しかも，時期の予知はできない．

　このうち，想定される活断層地震の規模が$M\,7.0$以上であるか，もしくは千年平均で10cm以上ずれる断層を"主要起震断層"といい，2.9節で後述する山崎断層のほか，埼玉県の綾瀬川断層，東京周辺の立川断層，富士川河口断層帯，岐阜県の関ヶ原断層，大阪の上町断層，広島西縁断層などがある．

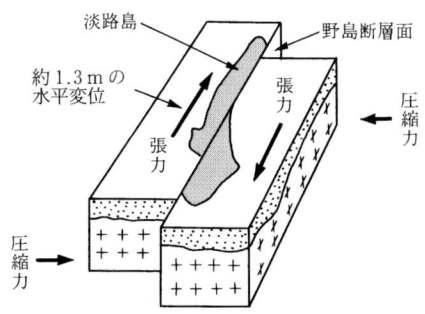

図2.6　兵庫県北淡町（淡路島）の野島断層　　図2.7　阪神大震災のときの野島断層の活動
　　　　　　　　　　　　　　　　　　　　　　　　　　（右横ずれ断層）

2.5　外国の地震

　外国の地震として有名なものに，地震のないとされたヨーロッパで1755年11月に発生したポルトガルのリスボン大地震があり，約1万棟が倒壊して死者約3万人にも達した．本節では日本と同じく環太平洋地震帯に属し，延長1,200kmにも及ぶアメリカ・カリフォルニア州のサンアンドレアス断層を中心として，北米大陸の太平洋岸の地震を例として述べる．

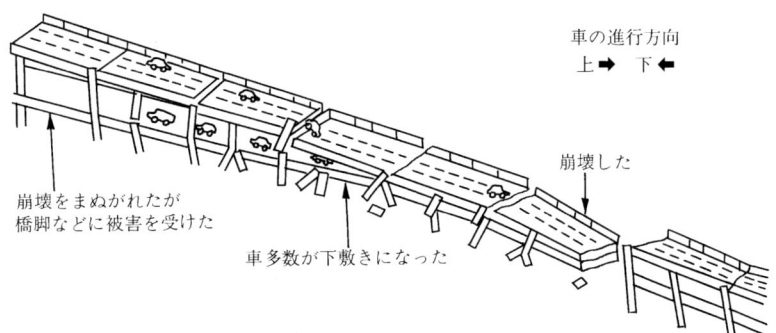

図2.8　ロマプリータ地震により崩壊した高速道路880号線の高架区間の状況

(1) アメリカ・サンフランシスコの地震

1906年に，M 8.3のサンフランシスコ大地震が発生し，大被害を与えた．この地震で，全長は約300 kmで，水平のずれは最大約6 mで，上下のずれは1 m足らずの断層が生じた．その最も南の場所で，1989年10月17日に，サンフランシスコを中心として，震源の深さ18 km，M 7.1の内陸直下型のロマプリータ地震が発生した．高速道路（フリーウェー）やオークランド・ベイ・ブリッジなどに大きな損害を与えた（図2.8参照）．後述する11.2節参照．

(2) アメリカ・ロサンゼルスの地震

1933年に，ロサンゼルスで，ロングビーチ地震が発生した．これを契機に，カリフォルニア州当局は地震対策に取り組み，多くの地震計を設置して地震観測網を整備した．そして，1971年2月9日に，ロサンゼルスで，震源の深さ15 km，M 6.6の内陸直下型のサンフェルナンド地震が発生した．震源地はロサンゼルスから約40 km離れたサンガブリエル山中で，サンフェルナンドバレー一帯にも大きな被害を与えた．

1994年（平成6年）1月17日未明の4時31分に，ロサンゼルスで，震源の深さ18 km，M 6.7の内陸直下型地震のノースリッジ地震が発生した．これは23年前のサンフェルナンド地震を思い出させるもので，両方の震源地は30 kmも離れていなかった．高速道路（フリーウェー）の5箇所で橋梁が落橋し，一般道路も50箇所に亀裂が入った．アメリカは道路交通が主たる交通手段であるので，高速道路の復旧に全力をあげた．なお，復旧は自国の自前で全部できるとして，アメリカは外国の支援を全部断った．

(3) ニカラグアの地震

中米のニカラグアの太平洋沿岸は日本と同じく太平洋プレートの潜り込もうとする

図2.9 ニカラグアの首都マナグアの地震被害の惨状

サブダクション・ゾーンであり，地震活動の著しい地域である．首都マナグアは3.4節で後述するように，環太平洋火山帯におけるニカラグア火山列の直上にあり，1931年の大地震で廃墟となった．

また，1972年12月23日に内陸直下型の M 6.25の地震が発生した．震源の深さは3〜5 kmの浅い箇所であったために，人口約40万人の首都マナグアは再び廃墟と化して，35万人が住む家を失った（図2.9参照）．

さらに，1992年9月に，ニカラグアに地震と津波が発生し，日本から国際協力機構（JICA）の国際緊急援助隊医療チームが派遣された．

2.6 千島海溝・日本海溝・相模トラフを震源とする地震

日本列島の東部が乗っている北米プレートの下に，太平洋プレートが約8.5 cm/年の動きで潜り込もうとしている．その海溝およびトラフを震源とするものである．

（1）千島海溝を震源とする地震

千島海溝を震源とする地震は，安政3年（1856年）7月23日の北海道南東部を震源とする M 7.8と推定される安政北海道南東部地震のほか，数多く発生している（図2.10参照）．近くは平成5年（1993年）1月15日に，北海道釧路沖を震源とする M 7.8のプレート間型の北海道釧路沖地震が発生し，釧路市では震度6で，北海道と東北地方北部で大きな被害が出た．

そして，平成6年（1994年）10月4日，北海道釧路沖を震源とする M 8.1のプレート間型の北海道東方沖地震が発生した（図2.11参照）．ロシア連邦の占領下にある北方四島も甚大なる被害を受け，水産加工工場の70％は崩壊し，色丹島では3工場のうち2工場が崩壊した．いずれも復旧されていない．

（2）日本海溝を震源とする地震

貞観11年（869年）5月26日に三陸地震が発生し，慶長16年（1611年）10月28日に，三陸沖を震源とする M 8.1と推定される慶長三陸沖地震が発生した．昭和8年（1933年）3月3日に，三陸沖を震源とし，震源の深さ10 km，M 8.3のプレート内型の昭和三陸沖地震が発生し，仙台市では震度5であった．いずれも多くの家屋が倒壊し，津波が起きた．

昭和43年（1968年）5月16日に，青森県東方沖を震源とし，震源の深さ10 km未満，M 7.9のプレート間型の十勝沖地震が発生した．青森市では震度5で，構造物をはじめとして甚大なる被害を受けた．

昭和53年（1978年）6月12日に，仙台市の東方沖約100 kmを震源とし，震源の深さ40 km，M 7.4のプレート間型の宮城県沖地震が発生した．仙台市では震度5で，

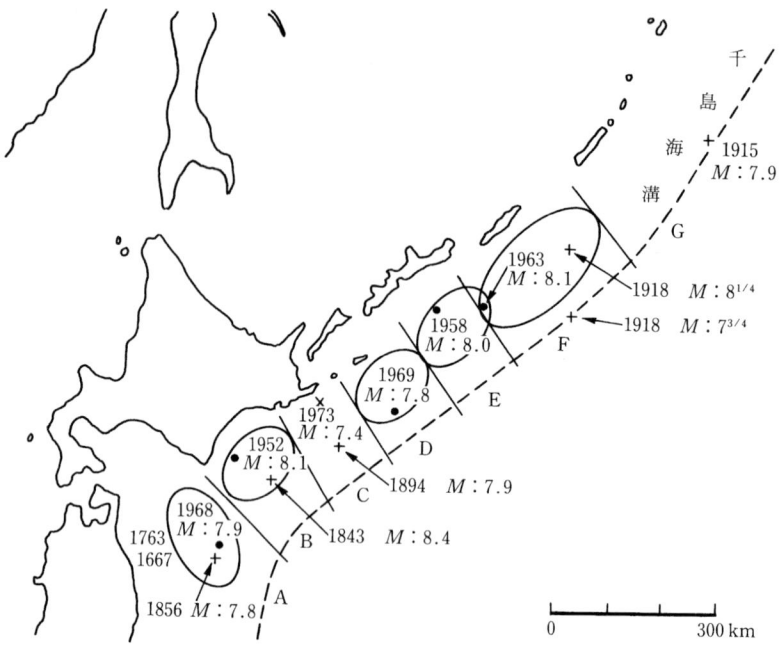

図 2.10　千島海溝を震源とする地震[28]

図 2.11　北海道東方沖地震による釧路市内の家屋の被害

宮城県下と福島県下で大きな被害を受けた．

　平成 6 年（1994 年）12 月 28 日，三陸沖を震源とする $M\,7.5$ のプレート間型の三陸はるか沖地震が発生した．八戸市では震度 6 で，青森県下で大きな被害を受けた．

（3）相模トラフを震源とする地震

　寛永 10 年（1633 年）に寛永小田原地震が発生し，元禄 16 年（1703 年）11 月 23

日に，後年の関東大震災クラスである $M\,8.2$ と推定される元禄関東地震が発生した．天明 2 年（1782 年）に天明小田原地震が発生し，嘉永 6 年（1853 年）に $M\,7.0$ と推定される嘉永小田原地震が発生した．

　安政 2 年（1855 年）10 月 2 日に，江戸の荒川河口付近を震央とする $M\,6.9$ と推定される内陸直下型活断層地震の安政江戸地震が発生した．安政江戸地震では江戸と直径 20 km の範囲の町は大被害を受けた．このときに四谷で樋が壊れて水びたしとなり，現在でいう液状化現象が起きたという．阪神大震災（兵庫県南部地震）は，この安政江戸地震とよく似ているという．

　そして，大正 12 年（1923 年）9 月 1 日に，相模トラフを震源とし，震源の深さ約 50 km，$M\,7.9$ のプレート間型の関東大震災（関東地震）が発生した．東京市では震度 6 の巨大地震であり，過去において約 70 年間隔で相模トラフを震源とするプレート間型地震が発生している．後述する 7.2 節参照．

　昭和 5 年（1930 年）11 月 26 日に，$M\,7.0$ の内陸直下型の北伊豆地震が発生した．当時，御殿場線を迂回していた東海道本線を短絡するために丹那トンネル（現在の JR 在来線東海道本線）を工事中であった．地震により丹那断層をはじめとして多くの地割れが発生し，大きな被害を受けた．

　昭和 49 年（1974 年）5 月 9 日に $M\,6.8$ の伊豆半島地震が起きて災害が発生し，伊豆半島では地震活動が活発化した．昭和 51 年（1976 年）には河津地震が発生し，昭和 53 年（1978 年）1 月 14 日に，$M\,7.0$ の伊豆大島近海地震が発生した．伊豆大島では大きな被害を受けた．

　昭和 62 年（1987 年）12 月 17 日に，$M\,6.7$ のプレート間型の千葉県東方沖地震が発生した．千葉県と東京都で大きな被害を生じた．

2.7　駿河トラフ・南海トラフ・琉球海溝を震源とする地震

　日本列島西部の載るユーラシア・プレートの下にフィリピン海プレートが約 4 cm/年の動きで潜り込もうとしている海溝およびトラフを震源とするものである．

（1）駿河トラフ・南海トラフを震源とする地震

　古くは天武天皇 13 年（684 年）10 月 14 日に南海地方で白鳳南海地震が発生した．また，慶長 9 年 12 月 16 日（新暦で 1605 年 2 月 3 日）に相模トラフと南海トラフを震源とする $M\,7.9$ と推定される二つの大地震が同時に発生した．これを慶長地震といい，数千人が死亡したという．

　宝永 4 年（1707 年）10 月 4 日に，南海トラフを震源域として，わが国の地震の歴史で最大規模の $M\,8.4$ と推定される宝永地震が発生し，駿河湾から東海沖，南海沖

にかけての太平洋沿岸では地震と津波により大災害を被った．

　安政元年（1854年）11月4日に，駿河トラフの御前崎沖を震源とし，東海道・東山道・南海道を襲うM 8.4と推定される安政東海地震が発生して，遠く離れた甲府盆地でも甲府城下をはじめとして甚大なる被害を受けた．そして，32時間後の翌日11月5日に，南海トラフの紀伊半島の沖合を震源とし，安政東海地震とほぼ同じ地域を襲う同じM 8.4と推定される安政南海地震が発生した．この二つの地震によって大災害を被った．

　昭和19年（1944年）12月7日に東南海地震，昭和20年（1945年）1月13日に三河地震が発生した．13.2節で詳述する．

　昭和21年（1946年）12月21日に，紀伊半島の沖合の南海トラフを震源とし，震源の深さ20 km，M 8.1のプレート間型の南海地震が発生した．潮岬では震度5であった．大きな被害を受けるとともに，地盤変動で高知県下で15 km^2 もの土地が沈下して海面下となった．

　以上の例のように，駿河トラフを震源とする地震と南海トラフを震源とする地震とは同時または近接して発生することが多い．これは規則的に短期間に連携して動いてストレスを解消するもので，どちらが先かはわからないが，だいたい同じ頃である．そして，ほぼ同じ規模のときもあれば片方が小さいときもある．特徴として南海トラフを震源とする地震のときは高知周辺は沈下し，足摺岬と室戸岬は隆起し，道後温泉と湯峰温泉の湯量が減る傾向がある．

（2）琉球海溝を震源とする地震

　明和8年（1771年）3月10日（新暦で4月24日）に，琉球列島の石垣島沖合を震源とするM 7.4の八重山地震が発生した．

2.8　日本海東縁変動帯および東日本火山フロントを震源とする地震

　日本列島東部の載っている北米プレートを東進するユーラシア・プレートが押していて，日本海東縁変動帯を震源とするプレート間型地震およびプレート内型地震が発生する．ユーラシア・プレートの東進圧力は0.9 cm/年で，北米プレートと太平洋プレートの境界線である千島海溝の動きの8.5 cm/年に比べると，約1/10と遅く，千島海溝を震源とする千島列島周辺の地震に比べると，地震規模は最大M 7.5で，大地震は少ない．そして，日本海東縁変動帯（瑞穂褶曲帯）の南端は糸魚川〜静岡構造線を通じて相模トラフと駿河トラフにつながっている．なお，火山フロントは3.1節で後述する．

（1）出羽国（秋田県・山形県）および周辺の地震

天長7年（830年）1月に，出羽国庄内地方で出羽国地震が発生し，河川の流路に異変が起きたという．嘉祥3年（850年）10月16日にも地震が発生して被害も大きく，津波もあったという．

元禄15年（1702年）に酒田を中心とした酒田地震があり，多くの被害を出した．

安永9年（1780年）6月18日に庄内地震が発生して酒田の町が大きな被害を受けた．鳥海山が度々噴火して地震を伴い，さらに文化元年（1804年）6月4日に $M\,7.1$ と推定される象潟地震が発生し，酒田地方を中心として大きな被害を受けた．寛政5年（1793年）にも $M\,6.9$ と推定される津軽鰺ヶ沢地震が発生した．

天保4年（1833年）12月7日に， $M\,7.4$ と推定される鼠ヶ関付近を震源とした天保庄内地震が発生し，出羽国の庄内および佐渡国に大きな被害を与えた．鶴岡付近の被害が最も大きかった．

明治27年（1894年）10月22日に，酒田町の東南東約7 kmを震源とし，$M\,7.3$ の内陸直下型の明治庄内地震が発生した．酒田町では震度5で，地震後に発生した火災で公共施設をはじめ，多くの民家や神社や寺院なども倒壊したり焼失して，酒田町は焦土と化した．

（2）日本海東縁変動帯を震源とする近代・現代の地震

昭和15年（1940年）に $M\,7.5$ の北海道の積丹半島沖地震が発生した．

昭和39年（1964年）6月16日に，新潟市の沖合約60 kmの栗島付近を震源とし，震源の深さ40 km，$M\,7.5$ のプレート間型の新潟地震が発生した．新潟市では震度5であったが，縦方向の447 galの揺れと，横方向の300 galの揺れを生じ，縦方向の揺れの方が大きかった．このために甚大なる被害を受け，山形県，秋田県などを含めて被災者は8万人を超えた．

半月前に完成したばかりの昭和大橋が桁が落ちて落橋した（図2.12参照）．35年も前の昭和4年（1929年）に竣工した鉄筋コンクリートアーチ橋の万代橋は，両側のアーチと橋台部分に被害があったものの，中央部のアーチ部分にはさしたる被害はなかった．万代橋の修復工事は1年もかからずに昭和40年（1965年）5月に完了した．

また，地盤の液状化現象により，道路は地割れを起こし，200以上のビルは傾き，多数の建物が沈下・傾斜して大きな被害を出した（図2.13参照）．なお，津波が発生して海水が押し寄せ，震動で砂丘から絞り出された地下水が加わって湛水し，多くの浸水家屋が出た．さらに，そこへ石油精製会社の石油タンクのパイプの破れから漏れ出た油が広がった．火元は不明だが5時間経って発火し，水面上の石油を伝って燃え広がり，多くの家屋が焼失した．

昭和58年（1983年）5月26日に，秋田県沖を震源とし，震源の深さ14 km，$M\,7.7$

図2.12 昭和大橋の落橋（北陸建設弘済会提供）

図2.13 新潟地震による新潟市内の県営アパートの倒壊（北陸建設弘済会提供）

図2.14 北海道南西沖地震による港湾の地割れの被害

のプレート間型の日本海中部地震が発生した．秋田市では震度5で，秋田県下と青森県下では津波により大きな被害を受けた．

平成5年（1993年）7月12日に，北海道南西沖の深さ35 kmを震源とする$M 7.8$の北海道南西沖地震が発生し，奥尻島を中心に大被害をもたらした（図2.14参照）．道路の損壊630箇所，港湾・漁港の損壊80箇所，など社会基盤（インフラストラクチャー）の被害が大きかった．

日本海東縁変動帯の北端はサハリン（樺太）の西側の間宮海峡である．昭和46年（1971年）に，サハリンの西南端の沖合を震源とする地震が発生した．そして，平成7年（1995年）5月27日22時3分（現地時間28日1時3分）に，サハリン北部のネフチェゴルスクで，震源の深さ約33 km，$M 7.6$で，日本式の震度で4～5（欧米式12段階震度で7）とされる内陸直下型のサハリン北部地震が発生した．油田地帯の石油の街であるネフチェゴルスクの街は壊滅し，パイプラインも寸断された．

（3）新潟県中越地震

平成16年（2004年）10月23日17時56分，新潟県中越地方の川口町・小千谷市を中心として，$M 6.8$，深度20 kmの直下型地震である新潟県中越地震が発生した．川口町では震度7で，小千谷市では震度6強であった．そして，引き続いて当日に震度6強および震度6弱の余震が3回も続いた．

川口町の震度7は阪神大震災の場合と同じ震度である．なお，小千谷市では火災が4件発生したが，大事には至らなかった．これは，阪神大震災を教訓として，小千谷市では日頃から防災対策に留意し，ガス管はポリエチレン管に取り替えられていたことから，破断することがなかったことによる．

上越新幹線では，長岡駅の手前で210 km/hで走行中の下り東京発新潟行新幹線"とき325号"が脱線し，脱線したまま1.6 kmも走り，最後尾は上り線にはみ出して止まった．上越新幹線は不通となったが，幸いにも死傷者は出なかった（図2.15参照）．

余震が続き，4日後の10月27日10時40分，広神村，入広瀬村で，震度6弱（$M 6.1$，深度12 km），長岡市ほかでは震度5強の余震が発生した．震度6弱以上の余震は5回目であった．脱線した新幹線"とき325号"の車体を軌道上へ戻す復旧作業が始まったばかりであったが，作業は中止となった．復旧作業は11月10日に再開され，16日に車両は現場から撤去された．

なお，在来線が全面復旧したのは12月27日で，上越新幹線が全面復旧したのは12月28日であった．

地震により，2,515棟の建物が全壊し，一部損壊を加えると約10万棟の建物が被害を受けた．死者は46人，負傷者は2,900人を超え，うち重傷者は514人，そして，避難所に多いときには10万人を超える人々があふれた．

図2.15　脱線した新幹線"とき325号"

　震源地に近い山古志村で，地震により崩壊した土砂が村の中心を流れる信濃川支流の芋川に流れ込んで自然ダムが5箇所もできた．水深は20～30 m にも達し，住宅などの建物は水没したり，崩壊したりした．また，自然ダムが崩壊すると下流に土石流の被害を及ぼす危険性が生じた．道路網が寸断して交通が途絶したほか，固定電話も携帯電話も通じず，防災無線も通じないという状況から，通信が途絶し，陸の孤島となった．自衛隊のヘリコプターで人々は避難し，牛もヘリコプターで運ばれた．村の人口の全員に当たる681世帯，約2,200人が隣接する長岡市内の避難所に避難した．コイの養殖池は潰れ，棚田は崩れ，山村の生活基盤は破壊された．
　この山古志村の壊滅状態は従来の都市の被害を中心とする地震と異なる様相を呈して，新たな問題を提起することとなった．なお，山古志村は平成17年4月1日に長岡市に合併された．
　自衛隊が出動し，仮設風呂やテントなども設けられた．手伝いのボランティアは，食糧・寝袋・テントなどを持参することの条件が付けられた．
　阪神大震災の経験から，平成8年（1996年），東京消防庁でハイパー・レスキュー隊が創設され，海外に派遣されて，トルコ地震のときに活躍した．中越地震の現地にも派遣され，他の消防隊と協力して救助に当たった．
　中越地震では，約1,600箇所，土量7,000万 m^3 にも達する土砂崩れ・地滑りが生じた．長岡市妙見町の信濃川沿いの県道589号線を走行中の乗用車が土砂崩れで押し流され，母子の3人が埋もれた．空からヘリコプターによって発見され，ハイパー・レスキュー隊は27日朝から救助に入り，埋もれてから約92時間後に2才の男児が救出された．母親と4才の姉は死亡した．

地震などで埋もれるなどした場合に生存の可能性のあるのは72時間以内とされており，男児が救出されたのは奇跡とされている．

2.9 西日本変動帯を震源とする地震

2.7節で前述したフィリピン海プレートの沈み込みがあり，また，3.1節で後述するように，浅間山付近から飛騨〜琵琶湖〜京阪神〜瀬戸内〜九州〜琉球を結ぶ日本列島西部に火山フロントがあって，一つの変動帯（糸魚川〜九州北部）があるという説がある．この説によると，ユーラシア・プレートはアジア大陸の方から東方に動こうとして東進圧力（0.9 cm/年）によって東へ押していて，そのために日本列島の乗っているプレートや地殻にストレスが溜まるようになるという．とくに日本列島西部にはストレスが溜まるという．

このストレスに耐えられなくなり，日本海東縁変動帯を震源とするプレート間型地震か，西日本変動帯でプレート内型地震か，過去の地震により生じた弱い部分の活断層での地震が発生するという（図2.16参照）．

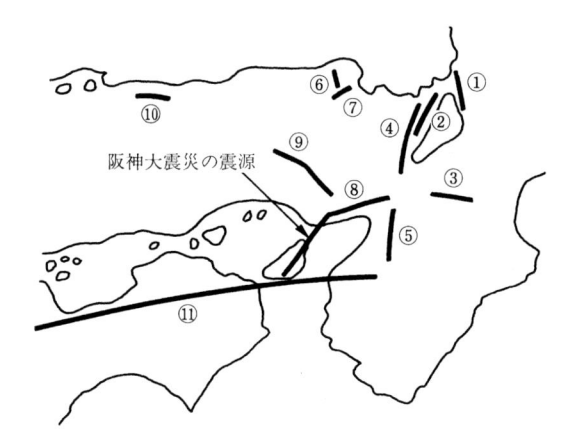

①柳ヶ瀬断層，②琵琶湖西岸活断層系，③木津川活断層系，
④花折断層，⑤生駒活断層系，⑥郷村断層，⑦山田断層，
⑧有馬〜高槻構造線活断層系，⑨山崎断層，⑩鹿野断層，
⑪中央構造線活断層系

図2.16 近畿地方の主な活断層

（1）古代・中世の地震

神戸市東灘区の郡家遺跡で6,000年以上も昔の縄文時代前期に液状化現象を起こした地震の痕跡があり，さらに，約1,500年前の古墳時代中期に液状化現象と地割れを

起こした地震があったことを示す痕跡がある．

　また，長崎県五島列島の北端から西方 30 km にあった高麗島は古代に地震で水没したとされ，允恭天皇 5 年（416 年）7 月 14 日に河内国（大阪府）で地震があったとの記録があり，推古天皇 7 年（599 年）4 月 28 日に大和国（奈良県）で M 7.0 と推定される地震があり，日本書紀には"家がことごとく壊れた"と記されている．そして，天武天皇 7 年（679 年）にも筑紫国（九州）で M 6.7 と推定される大地震があり，長さ 10 km の地割れが生じたという．

　大宝元年（701 年）に，丹後半島（京都府）で M 7.0 と推定される丹後半島地震が発生した．信濃国（長野県）では，天長 18 年（841 年）に，現在の白馬村で M 6.7 と推定される地震が発生しており，寛平 2 年（890 年）に，現在の長野市西部で M 7.4 と推定される地震が発生している．

　また，兵庫県西部から岡山県東部にかけて図 2.16 の⑨山崎断層という大きな断層があり，貞観 10 年（868 年）に，山崎断層を震源として M 7.0 と推定される播磨・山城地震が発生して近畿地方に大きな被害を与えた．琵琶湖は活断層の活動でできた湖沼であり，正中 2 年（1325 年）に琵琶湖の北東岸にある図 2.16 の①柳ケ瀬断層が動いて地震が発生し，湖中にある竹生島が大きな被害を受けた．琵琶湖では 3 回巨大地震があったとされている．

　永正 7 年（1510 年）に，M 6.5～7.0 と推定される摂津河内地震が発生し，巨大古墳である応神天皇陵（誉田山古墳）の前方部の西側が地崩れした．

（2）近世（安土桃山・江戸時代）の地震

　天正 13 年 11 月 29 日（新暦で 1586 年 1 月）に，M 8.1 と推定される巨大な天正地震が北陸～飛騨～畿内で発生し，大災害をもたらした．

　慶長元年（1596 年）閏 7 月 12 日（新暦で 9 月 4 日）に，九州の別府湾を震源とし，M 7.0 と推定される地震が発生した．翌日（4 日後という説もある）の午前 0 時に，M 7.5 を超えると推定される図 2.16 の⑧有馬～高槻構造線活断層系の地震が京都伏見で発生した．新築されたばかりの伏見城の天主閣が大破し，大坂（現在の大阪）や境（現在の堺）でも大きな被害を受け，壊滅した大坂と境の町づくりがやり直された．また，兵庫津（現在の神戸港）では家屋が地震でほぼ全滅し，火事で多くの人が死亡し，残った小数の人も他所へ移ったという．淡路島の洲本にある先山千光寺の各建物は倒壊し，本尊である仏像は飛び出すように庭に放り出されたといわれ，さらに現在の和歌山県や香川県でも建物が崩壊する被害があったという．この地震を慶長伏見地震といい，このときに神戸の地下にある須磨断層や六甲断層ができたという．

　寛文 2 年（1662 年）に，M 7.2～7.6 と推定される寛文琵琶湖地震が発生し，琵琶湖を中心とする地域に大きな被害を与えた．天保元年（文政 13 年，1830 年）8 月 19

日に，$M\,6.5$ と推定される天保京都地震が発生し，京都御所や二条城や仁和寺ほか京都周辺に大きな被害を与えた．

信濃国（長野県）の善光寺町（現在の長野市）の周辺では，弘化 3 年（1846 年）から山崩れや鳴動が起こっており，そして，弘化 4 年（1847 年）3 月 24 日に，善光寺町で，$M\,7.4$ と推定される善光寺〜飯山活断層系の善光寺地震が発生した．ほとんどの家屋が全壊・焼失し，ちょうど善光寺は御開帳だったために遠くの方から来た人々も宿屋の下敷きになった．そして，周辺の山地でも多数の地すべりを起こした．そのうちの犀川筋で発生した地すべりで崩壊した土砂が犀川を堰止め，多くの村を水没させたうえに，堰止めていた土砂が崩壊して鉄砲水が犀川の大洪水となって善光寺平（現在の長野盆地）を襲い，多くの犠牲者を出した．本震の後も 1 年以上も余震が続くという群発地震であった．

安政元年（1854 年）に，伊賀上野付近の図 2.16 の③木津川活断層系を震源とし，$M\,7.2$ と推定される内陸直下型の伊賀上野地震が発生し，奈良から四日市にかけて大きな被害を与えた．

（3）近代（明治・大正・昭和初期）の地震

明治 24 年（1891 年）10 月 16 日に，岐阜県根尾村を震源とし，$M\,8.4$ の活断層地震の濃尾地震が発生し，甚大なる被害が生じた．このときできた根尾谷断層は全長約 400 m で，上下に約 6 m，水平に約 4 m の地層のずれが生じ，そのまま残して昭和 27 年（1952 年）に国の特別記念物にも指定された．地震断層観察館が設けられ，地下観察館では断層を観察できる．

大正 14 年（1925 年）5 月 23 日に，兵庫県北部を震源とし，$M\,6.8$ の内陸直下型の北但馬地震が発生し，大きな被害が生じた．

昭和 2 年（1927 年）3 月 7 日に，京都府北西部の図 2.16 の⑥郷村断層と⑦山田断層を震源とし，震源の深さ 10 km 未満で，$M\,7.5$ の内陸直下型の北丹後地震が発生した．地表に大断層が現れ，豊岡市では震度 6 で，大被害を生じた．

昭和 18 年（1943 年）9 月 10 日に，$M\,7.4$ の鳥取地震が発生した．後述する 7.2 節参照．

（4）昭和後期の地震

昭和 23 年（1948 年）11 月 28 日に，福井市の北東 10 km の福井平野を震源とし，震源の深さ 10 km 未満，$M\,7.3$ の内陸直下型の福井地震が発生した．家屋の倒壊率は 60 ％を超え，福井駅前の 7 階建ての百貨店が倒壊し，映画館が全壊して，入場していた観客が犠牲となり，大災害となった．福井市での震度は当時最高の震度 6（烈震）とされたが，実質はそれ以上で，翌年にこれを契機として，震度 7（激震）という新しいランクが設定された．

善光寺地震の発生した地域は善光寺〜飯山活断層系の地震発生帯であり，過去100年間に11回も群発地震が発生している．昭和40年（1965年）8月3日に長野県松代町（現在は長野市に合併）を中心とした地域で微小地震が3回も発生したのに始まり，10月1日には松代町と長野市で震度3を記録し，地鳴りの鳴動を伴うようになった．松代町では震度4を11月4日に1回，11月22〜23日にかけて連続3回も記録し，震度5も翌昭和41年（1966年）1月23日と2月7日に記録した．やがて震度3の地震が1日に2〜3回発生する日が続くようになり，全期間を通じて震度4は48回，震度5は9回発生した．この群発地震により，各地で小規模の地すべりが発生した．

この群発地震は松代群発地震とよばれて約2年続いたが，昭和42年夏に収まった．有感地震は7万回，エネルギーの総和は$M\,6.3$の地震1回分に相当する．偶然に松代町には気象庁の松代地震観測所があって，貴重な記録が残された．

昭和59年（1984年）9月14日に，震源の深さ4〜5 km，$M\,6.8$の内陸直下型の長野県西部地震が発生した．中規模の地震であったが，震源が非常に浅いことから，山崩れや崖崩れが生じ，大きな被害を受けた．

（5）阪神大震災（兵庫県南部地震）

ユーラシア・プレートの東北部の日本海東縁変動帯で，昭和58年（1983年）に日本海中部地震が発生し，平成5年（1993年）に北海道南西沖地震が起きて，タガが外れた．それでユーラシア・プレートが全体として東へ進みやすくなり，近畿地方・中部地方にストレスが加わるようになった．

平成6年（1994年）12月に，某大学教授は，図2.16の⑧有馬〜高槻構造線断層系とその北の④花折断層の地域，つまり阪神地区から大阪・京都・琵琶湖にかけての地域に地震発生の近いことを発表した．平成7年（1995年）1月初旬には別の大学教授は大阪から京都にかけての地域に地震発生の近いことを発表し，一部の週刊誌と新聞が取り上げたが，あまり人々の注意を引かなかった．

平成7年（1995年）1月17日午前5時46分に，上記のストレスが集中して耐えられなくなり，兵庫県北淡町（淡路島）の野島断層を境にして岩盤がずれて，$M\,7.2$で震度7の内陸直下型の阪神大震災（兵庫県南部地震）が発生した（図2.17および2.18参照）．延長40 kmの活断層の震源の深さ約20 kmという浅い場所で，広島型原爆100個以上のエネルギーにより10秒間で活断層は破壊された．垂直と水平のずれの比は約2：1であった．有史以来1,400年間に大きな地震の記録のなかった油断があって，13.2節で後述するように災害を大きくし，兵庫県下の経済に少なからぬ影響を与えることになった．

図 2.17 阪神大震災の神戸市内の被害

図 2.18 阪神大震災での各地の震度

2.10 誘発性地震

　活断層の周辺に蓄えられていた地殻の局地的なストレスが何らかの刺激によって断層運動として開放されるときに誘発性地震が発生する．その刺激としては，地下核実験やダムの水漏れや地下への水の圧入などの人為的原因である場合と，大地震の振動に誘発される場合とがある．

　100 m 以上のハイ・ダムを建設すると，湛水後に小さな地震が周辺で起きることが海外で経験されている．ギリシアのクレマスタ・ダムやインドのコイナ・ダムのよう

に，$M6$の地震が発生して被害まで出したこともある．また，アメリカのコロラド州デンバーの軍需化学工場で，多量の有害な水の処分に困り，地下深く3,800mの深井戸を掘って，圧力をかけて地下に有害な水を注入したところ，それまで地震の全然なかった地方に小さな地震が頻発するようになった．調査した結果，毎日の水の注入量と地震回数が一致した．

以上のことから判明したのは，地震の発生原因は地殻に溜まったストレスのエネルギーではあるが，高いダムの水圧により地下に染み込んだ水や，または注入された水によって間隙水圧が増加し，これが潤滑油のような役割をして，岩盤の滑り破壊が起きやすい状態を作ったのが誘発原因であった．

神戸沖でポートアイランドや六甲アイランドなどの巨大な埋立が行われ，さらに阪神大震災の発生当時，震源である野島断層に近接して工事中の明石海峡大橋の巨大な橋脚とアンカーが完成したところであった．この橋脚の荷重が地下のバランスを崩したので野島断層がずれて阪神大震災を誘発したという説がある．

なお，大地震の振動に誘発されて活動する断層を誘発性地震断層という．

2.11 地震発生前の大地の異常現象

地震の発生は止められないが，地震の前兆から発生を予知して事前に万全の準備を行うことが被害を最小限にとどめる最良の防災対策である．しかし，地震予知は発展途上の学問で，小数意見は結構あるが，定説はまだ少ない．

プレート運動などで広域的にストレスが溜まる．地下のどの地域に地震のエネルギーになるストレスがあるかを知ることができれば地震を予知できるが，地下は見えない．しかし，地殻内の圧力が高まってくると，大規模な地震の場合に，数日前か1年ほど前から岩盤がゆっくりと動くプレスリップという現象が地下で発生する．大地震が起こる前に，前兆として，周辺の地殻の弱い地点で小規模地震が発生することがあり，そのことにより地下や地面に微細な割れ目ができるとされる．また，プレスリップという前兆により地上に現れるいろいろな現象は，距離の遠近差により数値が異なることから，数箇所で測定することにより地震発生の場所を予測することは可能であるが，時期や規模の予知は無理とされている．

そして，下記に述べる異常現象の中には，地震を予知する経験式に乗るものがある．異常現象の出現より地震発生に至る先行日数をTとすれば，

$$\log T = 0.6M - 1.01$$

ここに，M：マグニチュード

M を想定することにより，その前兆が出現してから T 期間内に地震の発生する確率が高いとされる．経験式であるので，複数の前兆現象から総合的に確率を求めることにより，地震予知の可能性が出てくる．

(1) 活断層の地層調査

特定の断層について，発掘調査を含めて詳細な地形・地質学的調査をすることにより，その断層の過去に遡って地質時代の第四紀以降の断層活動の歴史が判明する．何年ごとに発生したかなどのデータから，今後の活動を予測できる．活動した証拠がなければ，その断層は活断層ではなくて地震の心配はない．

2.9節で前述した山崎断層について，昭和54年（1979年）に山崎断層を横切って発掘調査が行われ，貞観10年（868年）だけではなくずっと昔の地震の痕跡も発見された．ここで，地震活動や地殻変動の観測，地電流や地磁気の測定が行われるようになった．そして，昭和59年（1984年）5月30日に，山崎断層が動いて M 5.5 の地震が起こり，兵庫県姫路市で震度4が記録された．この地震前後の観測記録から，地震発生の3か月前から岩石中の電気抵抗が異常な変化を示しており，2日前に地電流の変化が認められたりしている．これらの結果から，不可能とされた地震発生の前兆現象を観測網で捕らえることができるかもしれないとされている．

(2) 地形の変化

特定地点間の距離の微妙な変化から地形の変化を正確に測定することによりプレート間型地震発生を予知できる．また，海面を基準にして土地が徐々に沈下または隆起していることがわかれば地震発生を予知できる．安政東海地震の発生前に，御前崎周辺の海岸が「だんだんと浜が潰れて（沈下）いった」という．津軽鯵ヶ沢地震の発生前でも「朝から海水が沖に引いていた（隆起）」という．関東大震災（関東地震）のときには，数年前から房総半島部と三浦半島南東部から湘南の江ノ島にかけての海岸をはじめ，小田原から伊東の南にかけての海岸で砂浜が狭くなり，沈下量は数十cmにも達していた．これらの海岸地形の変化は，プレートの沈み込みによる地殻の変形によって起きる土地の沈降隆起であり，このほか，地震の前兆として土地の傾斜や岩石の体積変化が現れる．

観測地点間の距離を正確に測定するために，人工衛星の電波を使うGPS測量や，超長基線電波干渉計（VLBI）を用いて複数のパラボラアンテナによる電波の到達時間の差からミリ単位で計測する手法が用いられる．

(3) 大地震の前の小規模地震の群発

大地震発生の数か月前から小規模の群発地震が発生することがある．昭和5年（1930年）の伊東群発地震は，昭和5年（1930年）11月26日に発生した内陸直下型の北伊豆地震という大地震の前兆であった．

1974年に中国の遼寧省の営口の周辺で小地震が続いていたが，急にぴったりと止まった．このようなことは長年の経験から大地震の前ぶれとされ，中国の国家地震局は地震が近いことを警告し，人々は非難した．そして $M\,6.8$ の海城地震が発生し，多くの建物が崩壊したが，人の被害は免れた．

①平成6年（1994年）に入って京都府美山町で地震があり，②6月に京都府京北町で地震が発生し，京都市でも20年ぶりに震度4を観測した．そして，③京都府亀岡市で地震があり，④兵庫県能勢町でも地震があった．さらに，⑤11月9日に兵庫県猪名川町で $M\,4.1$ の地震があり，11月9日〜12月20日にかけて96回も観測されたが，11月27日からは止まったので観測を中止した．これが平成7年1月17日に発生した阪神大震災（兵庫県南部地震）の前兆であったが，残念ながら見落としてしまった（図2.19参照）．

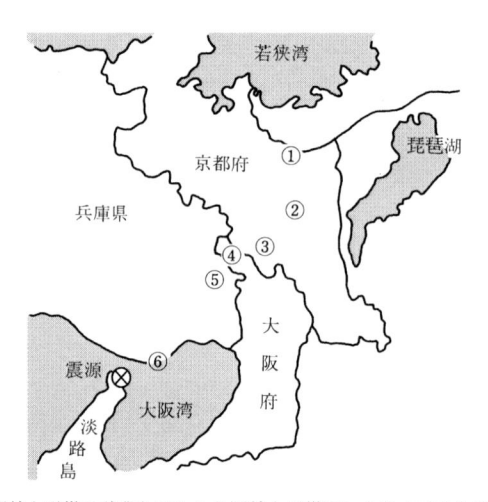

図2.19　阪神大震災の前兆と思われる阪神大震災にいたるまでの地震活動の推移

（4）地割れの発生

プレスリップ現象により微小な割れ目が発生する．阪神大震災の場合に，震源の野島断層の震央である地上の畑は約1年前から小さな地割れが発生していたという．地主は野島断層の真上にあることを知らなかったので，まさか地震の前触れによるものとは思わずに，気に止めていなかった．位置の判明している活断層周辺では，わずかの地割れでも地震の予知の可能性がある．

（5）海水湖水の変化

地震の発生が近づくと，水面がフラッシュして一瞬白く光ることがある．阪神大震災の発生前に大阪市の南港埋立地の池が突然泡立ったり，明石海峡や鳴門海峡で潮が

茶色に濁ったりしている．また，伊豆地方では海水の水温が下がると，決まって周辺で地震が発生するという．

（6）地下水（湧水・温泉水）の変化

地下水の湧き出てくるものを泉といい，特別な成分を含んでいる場合に鉱泉という．火山ガスが冷えて液体なったものを温泉（日本では 25℃以上の場合）というが，地下水が火山の熱にふれたり火山から吹き出すガスを吸い込んで温度が高くなって熱くなったものも温泉に含まれる．なお，地下水は火山噴火やプレート・地殻の動きなどと関係があるものであり，プレスリップに伴い，プレート・地殻の岩盤の変形や破壊が進んで割れ目が拡大すると，地下水を含んでいる破砕帯などが圧縮されて水が絞り出されるようになる．また，上述の微小な割れ目へ地下水が浸透するようになって，地下水の出ている泉などでは地震の数か月前から水位や水質の変化が起きるようになる．事例を下記に述べる．

1) 伊豆大島近海地震の直前に泉の湧水量が増えた例のほか，阪神大震災のときに，六甲山を横断している新六甲道路トンネル（延長 6,910 m）内のコンクリート覆工の継目からの湧水が地震発生の約 2 か月前から増えていて，地震後も増えたままという．このように，泉やトンネル内のコンクリート覆工の継目などから湧出量が増えてくる．

2) 六甲山系の東側に位置する西宮市には甲陽断層という活断層があるが，その近くの甲山にある温泉では，阪神大震災発生の約 3 か月前から湧出量が増えたうえに，濁ってきたという．

3) 長野県松代群発地震のときに，2.1 節で前述した地震発生の原因とされる地下水の変化によって松代町では温泉の湧出量が急増して温度も上がり，更埴市の自家用の温泉でも湯量が増えるとともに温度も上がった．

（7）井戸水の変化

地下水は古くから地震との関係が深く，深井戸では地震前に地下水の水位や水温や濁りが微妙な変化をすることが知られている．日本のほか，中国やルーマニアなどでも井戸水の異常を地震の前兆として研究しているが，事例を下記に述べる．

1) 安政江戸地震のとき，発生する数日前に浅草蔵前の茶店で，堀抜井戸を埋めた跡の土間から清水が急にこんこんと湧き出す騒ぎがあり，このほか神田をはじめ各地で増水した井戸が多かった．そして，地震発生の当日には井戸の水位が下がったり，濁ったり，塩気を含んだりしていた．

2) 関東大震災当日の朝に井戸の水が枯れて空井戸になったものがあった．

3) 上記の西宮市の井戸で，阪神大震災の前に，井戸水が白色や赤色に濁り始めたり，味が変化したりした井戸があった．

4） 静岡県内では東海地震対策として各種の観測装置が設置されているが，阪神大震災の発生する前に，観測装置のうちの2箇所の井戸の地下水位が7～12 cm下がっていることが観測された．遠く離れていても，岩盤にかかる圧力により地下水位が下がったものとされている．

5） 隣国の中国で突然に井戸の水があふれ出して1 mの高さまで水が噴き上がり，約7時間後に$M\,7.3$の地震が発生したという事例がある．

6） 関東平野では深層観測のための深井戸を，府中（深さ2,750 m），岩槻（深さ3,510 m），下総（深さ2,300 m）の3本掘削して前兆現象の検知と地震発生機構の解明の研究が進められている．蒸発によって大気中に上がった水蒸気は雨として地上に落ち，浸透して地下水となるが，このとき岩盤に何らかの異常があれば地下水の循環経路にもそれが現れる可能性があるという．

（8）地電流の異常な変化（VANシステム）

内陸直下型地震の多いギリシアでは，電極を地下約2 mに埋め込んで，電圧の変化を観測して地電流の異常で地震を予知する地震観測システムが用いられている．これをVANシステムという．プレスリップによりプレートや地殻の岩盤の変形や破壊が進んで亀裂が多数入り，その際に生じた電荷の乱れが地表へと伝わって地電流が大きくなることから，明瞭な前兆を捕らえることができるという．

わが国ではつくば市にある（独）産業技術総合研究所で研究されており，茨城県下の4箇所に地下60 mと120 mに電極を設置して地電流を観測している．つくば市から半径数十kmの範囲で2か月の間に$M\,4$以上の地震が8回あり，いずれも地震発生

図 2.20 地電流測定に都合のよいケヤキ
（東京都渋谷区表参道）

の数日前から数時間前にかけて地電流の変動が激しくなり，地震の最中や発生後に弱まるという共通現象が見られている．

昭和61年（1986年）11月15日から始まった伊豆大島三原山噴火でも地電流と地磁気の観測値が異常を示しており，平成6年（1994年）12月28日の三陸はるか沖地震でも同じ現象が起きた．しかし，地電流の異常な変化があっても必ずしも地震が発生するとは限っておらず，地震が発生した後で，発生前に異常があったことの観測結果があるだけで，地震との因果関係は，わが国では十分な研究成果はない．そのため，予知にはまだ用いられていない．

地電流を測定する方法として，ネムの木やケヤキの木など根が深く張る木の幹と地中に電極を埋め込んで電位差，つまり地電流の変化を測定する方法がある（図2.20参照）．これは生物の中で大地といちばん密着しているのが樹木であり，刺激を与えると興奮して増幅することからセンサーの役目を果たし，しかも磁場の変化を電位の変化に変えるという変換器の性能があり，これを利用するものである．

（9）発光現象

2.12節で後述するように，プレスリップにより発光現象が起きる．

（10）鳴動（地鳴り現象）

2.13節で後述するように，プレスリップにより音波が異常発生する．

（11）動物の異常な行動

"炭坑のカナリア"という格言がある．カナリアはガスなどに対する臭覚が優れていて，炭坑夫が入坑するときにカナリアを篭に入れて連れて行き，有毒ガスの存在を事前に知って被害を避けようとするものである．また，犬の臭覚は人間をはるかに超えて，約千倍もの能力があるともいわれる．このように，動物には人間よりも鋭い五感能力があることが多い．2.14節で後述する．

2.12 地震発生前の空の異常現象（電磁波の変化）

プレスリップが起こると，岩石に大きな圧力をかけて圧縮破壊することになり，帯電エアロゾル粒子(荷電粒子という)を発生させるか，電磁波が直接発生する．図2.2で示したように，地殻の表層は花崗岩質の地層であることが多く，石英を含んでいるが，石英や水晶などの珪酸塩鉱物は帯電エアロゾル粒子を発生しやすい．帯電エアロゾル粒子は空気中を微細な粉塵として浮遊し，最も小さなものには電気を帯びたイオンがある．雲の水蒸気など帯電したものと作用し合って，電気的に集まって雲の形態をとり電磁波を発生する（図2.21参照）．

なお，電磁波は電気の流れる箇所には存在するもので，変電所や送電線だけでなく，

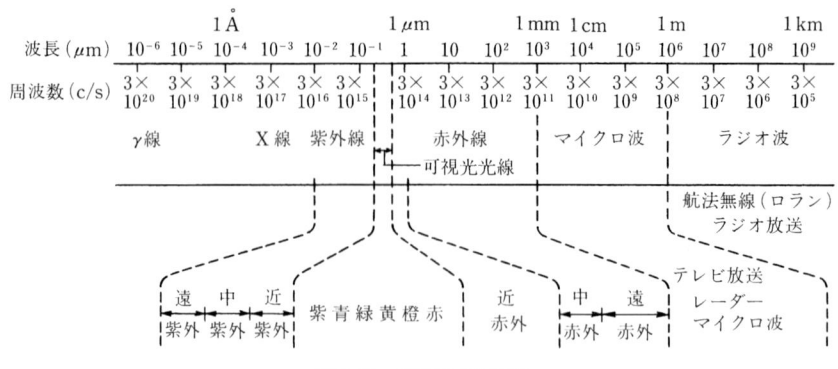

図 2.21　電磁波の波長帯

パソコンや携帯電話や家庭電気製品などからも放出される．

この電磁波によって発光現象が起きるものと考えられており，これが有力な地震予知の手がかりとなるとの説がある．しかし，電磁波の異常な変化が観測されるのはプレスリップの起きる内陸直下型地震の場合が多く，また，電磁波が発生しても地震や火山噴火が必ずし起きるとは限らない．そして，プレスリップだけではなく，地震発生とともに電磁波は発生する．

地下に埋められたアンテナで，地殻変動による電磁波をとらえる．220 Hz（ヘルツ，サイクル/秒）という低い周波数（極超長波）の電波はほかの自然現象の影響を受けない電波であるが，三陸はるか沖地震では8日前から，阪神大震災のときには10時間前より異常に増えている．

（1）電波に対する障害

1) 電磁波の波長が長波の場合に，ロランなどの航法無線に障害を与え，マイクロ波の場合に，テレビやレーダーなどに支障を与えた事例がある．
2) 電磁波の波長が電波時計の波長に近いのが生じると，電波時計は遅れるようになる．
3) 電磁波の波長がラジオ放送に使われている中波や短波などの場合に，ラジオの放送に雑音が入る．音質のよいFMラジオ放送でも雑音として入る．
4) 電磁波の波長が可視光線より短い場合に，電磁波は人間や動物や植物に悪影響を及ぼす紫外線や，放射線であるX線やγ（ガンマ）線になる．X線は病院のレントゲン写真に利用されているが，異常なものがレントゲン写真に写ることになる．

（2）発光現象（赤外線・可視光線）の発生

電磁波の波長が1 mmより短い場合に電磁波は赤外線（熱）となる．赤外線により，冬でもなま暖かい天気で，夜もよく晴れ，無風状態で，シーンとした感じになるとい

う．また，赤外線が赤い空の発光現象のもととなって，夜空に月が赤く見えて空が真っ赤になり，1週間以内に地震が起きるという．電磁波の波長が0.75μより短い場合に，電磁波は可視光線，つまり普通の光の黄色に近いオレンジ色の発光現象が見られ，地震の発生は1両日中の場合が多いという．つまり，夜空に月の色が赤色から黄色に変わると，地震はもう近いという．この発光現象はパッパッと光ったり消えたりすることが特徴とされている．

わが国の発光現象の種類として，①ある方向がオーロラのように一面に明るくなる，②瞬間的に閃光を発する，③空に向かって柱のような光が見られる，④地中から出る光の焔が見られる，⑤空間に移動する球状の光体が見られる，⑥津波の発光が見られる，などがある．

日本書紀によれば，西暦683年に地震による発光現象が観測されたという．また，別の記録によれば，昭和7年（1932年）に至るまでに，2,257件もの地震による発光現象が観測されたという．古くは安政江戸地震のときに，発生直前の夜の海上から江戸の空が明るく光るのが望まれ，船上で衣服の色や模様がはっきりわかるほどであったという．そして，明治三陸地震のときには，数日前から連日夜になると，海上に提灯ほどの大きさで，数十個の青白い怪しげな火が揺れているのが見られ，関東大震災のときには，朝から太陽が異様に黄色かったという．

鳥取地震，東南海地震，三河地震，南海地震，長野県松代群発地震，長崎県雲仙普賢岳噴火，北海道南西沖地震などでも発光現象が見られている．

阪神大震災のときの事例を下記に述べる．

1) 2日前に火の玉や流れ星のようなものが見られ，六甲山が赤く山火事のように見えた．
2) 前日の夕方には大阪から神戸方向に空の月が不気味にオレンジ色に光っているのが見られた．
3) 地震発生の約5時間前の深夜に，月が異常な黄色がかったオレンジ色に輝くのが見られた．
4) 地震の起きる直前の数分前に真っ暗なはずの西空が朝焼けのように明るくオレンジ色に光るのが見られ，写真まで撮った人がいる．
5) 揺れの直前に地鳴りとともに強いオレンジ色のオーロラのような光が道路に沿って遠ざかるように移動したのが見られた．
6) 地震発生後は空は真っ赤になって，一面不気味な紅色に染まり，六甲山では赤みがかったオレンジ色の光の帯が東から西に広がるのが見られ，ボーとした光の帯を透かして向こう側の景色が見られた．
7) 対岸の大阪府和泉市からは神戸の街の空がオレンジ色に染まって見られた．

(3) 地震雲（筋雲）

　昼間に見られる地震雲（筋雲）には二種類があり，①大地から竜巻やスリコギのような形で縦に上空に舞い上がる形のものと，②飛行雲のように横に筋状であるが太くて滞空時間の長いものとがある．②は筋状に見えるが実質は巨大な円形の一部であって，③飛行雲の何倍かの太さの雲が直線状に延びるか，④もしくは波紋状の不自然な雲の場合とがある．飛行雲はすぐに消えるが，筋雲が地震雲である場合にはなかなか消えないものであり，強い地震ほど筋雲，つまり地震雲の発生は早くからあり，また長い尾を引く特徴もある．

　十勝沖地震や三陸はるか沖地震などでも前日に筋雲が見られている．

　阪神大震災のとき，8日前の1月9日夕方に，大阪府豊中市で西宮・神戸方向の空に竜巻のように渦巻いている筋雲が見られ，芦屋市でも縦に一筋の筋雲らしいものが徐々に広がり，南の方にたなびくのが見られた．前日の1月16日夕方になると，神戸市で明石方向に竜巻のような筋雲が見られ，大阪市からは北東の神戸方向に曇空が奇妙に光って月に薄く雲がかかって光っているようであった．京都市や高槻市からも南西の神戸方向に筋雲が見られ，三重県鈴鹿市で西の神戸方向に筋雲が見られ，遠く離れた静岡県でも地震雲の特徴である雲の太い帯が東西に長く延びているのが見られた．

　なお，地震雲とは通俗的な名称で，まだ科学的には解明されていない．

2.13　地震発生前の音波の発生

(1) 音波（音響エネルギー）の特徴

　プレスリップが起きると音波が発生する．音波には，0.1 Hz（ヘルツ，サイクル/秒）から10万〜100万 Hzにも及ぶ周波数がある．このうち人は16〜2万 Hzの音波しか聞こえない．100 Hz以下の音波を低周波音といい，人の耳に聞こえない16 Hzより低い周波数の音波を超低周波音と区別していう．ただし，測定の都合上から，20 Hz以下の音波を超低周波音としている（図2.22参照）．また，2万 Hz以上の音波を高周波音（超音波）といい，人が音声として耳に聞こえる周波数を中間周波数という．

　地中で発生した音波の大部分は岩盤自体に吸収される．これをマフラー効果といい，周波数の高い音波ほど岩盤に吸収され，周波数の低い音ほど遠くまで届く特徴がある．1万 Hzの音波は岩盤に吸収されて200 mぐらいしか進まないが，100 Hzの音波は岩盤を約20 kmも伝搬する．地震の震源は20 km以上の深いことが多く，深いほど周波数の低い音波しか地上には届かない．この超低周波音を測定することにより地震を予知することができるとされる．

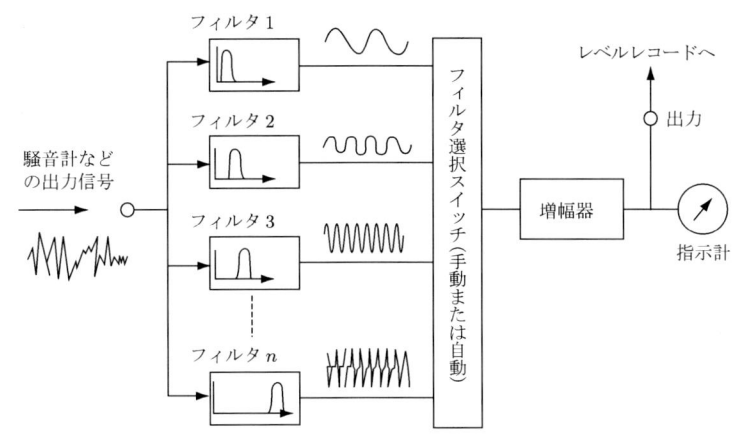

図2.22 音波の測定のための周波数分析器の構成

（2）超低周波音と人・動物

音波が大気中を伝わるときは空気の振動となることから，周波数の低い場合に耳には聞こえなくても人間の身体に触覚として感じる．そして周波数の低い場合に感じる最低音圧レベル（音の大きさ，単位 dB（デシベル））は高くなる．人の場合に，2 Hz では 130 dB（耳が痛くなる）を超えないと身体に触覚としても感じないが，10 Hz では 100 dB（鉄道ガード下などの騒音）で身体に触覚として感じ，20 Hz では聴覚として聞こえるうえに 85 dB で身体に触覚として感じる．この 100 dB を超えるような音波は人にはきついもので，人によっては（3）で後述するように，いろいろな障害を受ける．周波数の低い 10 Hz 以下の場合には，人の耳には聴覚として聞こえず，身体に触覚としても感じないものの，人によっては苦痛を感じることがある．

聴覚の感度だけが超低周波音に対して人よりも敏感であるとされているものに，リスや小鳥や魚類などがある．これらは特別な周波数の音波に反応して逃げたり飛び上がったりする．これらは天敵から逃げるために，それぞれ特定の周波数について高度に発達させて身についた聴覚または触覚であって，弱い動物に発達したものである．鹿は弱い動物であるために，逃げるために聴力が異常に発達したという．逆に人は 350～400 万年前に 4 本足から 2 本足歩行となって視覚が発達したことにより，聴覚が退化したとされている．

このように動物は食うか食われるかの生存競争の自然界で，生きるために人にはおよびもつかない五感能力（感覚器官の発達）を自然に身につけたのである．それで，人よりも動物が低い段階で聴覚または触覚として早く察知して，異常行動を起こすものと考えられている．

この超低周波音に対する上記の聴覚や触覚の範囲は人と動物では異なるが，動物に

よっても異なるとされている．たとえば 85 dB の超低周波音の音波は，人には聞こえず身体も平気であるが，聞こえれば騒がしいものである．しかし，かりに小さな動物に聞こえるとした場合に，聴覚としても触覚としても相当な障害となるものと考えられる．

（3）超低周波音と高周波音（超音波）の人に対する影響

人は超低周波音に対して平気な部類に属するが，生まれつきの体質とか子供の場合に，音圧レベルの高い超低周波音を受けると，強い空気振動を受けたことになり，何も聞こえないが，眠れないとか，体調の悪いときには苦痛を訴えたり，変な夢を見るとされている．身体がぐらぐらと揺れるように感じる人もいたり，人によっては背中に傷みを感じたり激しい動悸が起きることがある．そして，医者が検査しても何も異常は発見されない．

逆に人間の耳に聞こえない 2 万 Hz 以上の高周波音は，到達距離は短いものの，高周波には脳の内部の血の巡りを活発にさせる脳波"アルファ波"を増大させる効果があって，音をまろやかに感じたり，心地よくなる効能がある．

（4）超低周波音による物理現象

大気中の超低周波音は空気の振動であることから，近くに地盤の振動源がないにもかかわらず，閑静な住宅地で重量車両が走って来るような響きで，建て付けの悪い障子や窓ガラスや襖をガタガタと震えさせる．2.11 節（5）で前述した泡立ちは超低周波音が原因と考えられる．

（5）低周波音による鳴動

プレスリップが進んで地下の岩盤の亀裂が大きくなり，亀裂の内部に大量の小石や岩片ができると，摩擦力が低下して亀裂の成長が促進され，音圧レベルが高くなる．この場合に，①震源が浅い場合，②音波の伝搬しやすい岩石の多い山岳地帯の場合，③音波の伝搬しやすい水の多い湖や河川や地下水の豊富な地域の場合では，人の耳に聴覚として聞こえる中間周波帯で 16～100 Hz の低周波音の音声が地表に届くことがある．これが低いゴーゴーと響く鳴動となって聞こえるのである．岩石の上に堆積層があるときには，堆積層は中間周波数帯の音波を吸収するので，音声は地表には届かず鳴動は聞こえないことが多い．

安政東海地震では前年から間断なく不気味な鳴動があったとされ，数日前から不気味な大音がひっきりなし鳴っていたという．安政江戸地震でも，当日の地震発生前に江戸深川で井戸を掘っていた人が地底から響いてくる鳴動を聞いて気味が悪くなって仕事を止めたといい，利根川岸の布川（現在の茨城県利根町）でも井戸の中が鳴動したという．長野県松代群発地震でも地震前の鳴動が数多く聞かれている．1975 年にアメリカのインペリアルバレーで発生した 3 回の小地震では，中間周波帯の低周波音で

ある50～70 Hz音が録音された．

　阪神大震災のときに，兵庫県明石市の閑静な住宅地で，阪神大震災発生の数か月前から低い鳴動のようなものを感じ，周囲の人々に異常を訴えていた老人がいた．この人は音に敏感な性格であったので，変な音がするといったときには周囲の人々は気のせいだとしていた．残念ながら，阪神大震災の発生する前月に病死した．阪神大震災が発生して，それは大地の音だったことを周囲の人々は知った．このほか，ゴーゴーと風が鳴るような音を感じた人や，枕に押し付けた耳に鳴動を感じた人がいた．静岡県でも耳鳴りする人がいたという．

　ある福井市にいた人は，福井地震のときに地震発生の2か月前から，どこも悪くないのに，電流のようなものを感じて身体が非常に苦しくなったという．この人は神戸市に転宅して，阪神大地震の発生の10日ほど前から同じような経験をしている．

　なお，本節で述べたように，地震の発生前に起きるプレスリップ現象により鳴動が生じるが，地震発生とともに地鳴り現象が起こることもある．

2.14　地震時発生前の動物の異常行動

　火打ち石をたたくと，圧縮エネルギーが光エネルギーとなって光るとともにカチンという音が出る．これと同じように，プレスリップが起きると，電磁波が直接発生するか，帯電エアロゾル粒子の発生か，音波の発生か，地電流の変化などの物理現象が生じる．この帯電エアロゾル粒子には電気を帯びたイオンがあり，帯電エアロゾル粒子が多くなると，プラスに帯電している粒子は人や動物に"セロトニン症候群"を起こさせ，代謝や神経や睡眠や気分に影響が出るとされている．動物は大気中のプラスイオンを多く体内に取り込むとか，2.13節で述べた超低周波音を嫌って騒ぎ，安全な場所などを求めて姿を消すなどの行動をすると考えられるが，まだ，科学的に証明されていない．

　地震発生時に動物が平常と違った行動をとる例について世界的にも報じられ，わが国でも多くの文献に残されている．これらの事例を述べる．

（1）鳥類

　地震の前に，どこかへいってしまっていなくなったり，数百羽もの大群をなして地震に強いとされる竹薮に集まったりして，地震後また元に戻る．

（2）犬

　地震直前に犬が飼い主に向かって，何かにおびえているか，何かを訴えるように吠え続けたり，家の中に入れてもすぐに外へ出たがり，空を見上げるようにする．安政江戸地震で飼犬が飼い主の衣類を引っ張り，外へかけ出して吠えたという．ロシアで

も犬が悲しげに鳴き主人の衣類をくわえて家から引き出したという．チリでは人が悲しむように鳴くという．

(3) 猫

　神戸市兵庫区で夫婦と猫1匹が家族として生活していた．阪神大震災の発生の10分ぐらい前に，猫は起きて鳴いて外へ出してくれと要求した．はじめてのことである．出してやってウトウトとしたときに地震がきた．近所の多くの家は倒壊したり焼失したが，夫婦と猫の自宅は倒壊は免れ，延焼をも免れた．猫は帰って来なかったので，夫婦は猫は死んだものと諦めていた．猫は1週間経って帰ってきたが，何も食べていなかったらしく，痩せていた．無事な自宅を見て，もう地震がないものと安心して帰ってきたと夫婦は思った（図2.23参照）．なお，猫にも地震の後遺症が生じて，復旧工事の物音にも恐がるようになり，また周囲の状況があまりにも変化したので，外へ出ることは少なくなった．

図2.23　焼野が原の中でやっと飼い主のもとに戻った猫

(4) 鼠とゴキブリ

　人に最も嫌われているのが鼠とゴキブリである．そして，地震の前に家の天井に巣くっていた鼠が一斉にいなくなり，地震後にまた天井に戻ってくる．ゴキブリも地震の前に家からいなくなり，終わるとまた戻ってくる．

(5) 魚類

　思わぬときに思わぬ魚の大漁となると，何か異変があるとの言い伝えがある．魚類

の中で，シャコやアナゴやエビなどは海底にいるものであり，スズキやマアジやマダイなどは低層を泳ぐものであるが，地震の直前に海底で魚は何かを感じて逃げ出してきて上がってきて網にかかることがある．イワシの大漁に漁港が沸き，果てはイワシが海から川にまで上がってきたり，ウナギが磯に押し寄せたり，マグロやカツオの大群が海岸に向かってくると地震が近いという．阪神大震災のときに，明石海峡周辺で，地震の2日前にアオリイカが大漁となり，逆に，地震の前日にボラがいなくなり，小魚が海面に浮いたりした．紀伊水道では，アオリイカがいなくなり，別の場所でボラが多数集まってきたという報告がある．

(6) は虫類・両生類など

亀は冬眠するものだが，地震の前に冬眠から覚めて立って動き出したり暴れたりすることがある．イモリやサンショウウオなどの両生類や蟹も異常な逃避行動を起こす．ワニは鳴かないものであるが，鳴くことがある．

(7) ナマズ

ナマズはほかの魚に比べて感覚器官が発達しており，とくに側線器官が突出している．側線器官とは，魚の体の側面に見られる線状の器官で，水流や水圧の変化を感じるものである．すべての魚類がもっているものでもない．ナマズは夜行性であるうえに水の濁っている所で生息するので，水中の微妙な変化を察知する必要から側線器官を多くもっている．安政江戸地震のときに，鰻漁をしていた人がナマズがしきりと騒ぐばかりで鰻が一匹もとれなかったという話など，地震の発生時にナマズが異常行動することから，昔からナマズが地震を起こすとか，ナマズが暴れると地震が近いとかの言い伝えがある．また，飼っていたナマズが死んだ例などがある．この地震直前のナマズの異常行動の原因は2.11節で述べた地電流に敏感に反応するものと思われる．

第3章 火山噴火

古代から人類が最も恐れていた自然災害は火山噴火である．世界最古とされるトルコの岩壁に描き込まれた風景画にも火山噴火が描かれている．

3.1　火山噴火の機構

図2.5で示した海洋プレートが陸のプレートの下に沈み込んでいく場合に，このプレートをスラブという．スラブの上面の深さが数十 km～200 km で平均 110 km ぐらいの場合に，なぜかマントルが溶けて，一時的・局所的にマグマ（岩しょう，高温で溶けている岩石）となる．そして地震などによってプレートや地殻に割れ目が生じると，これに沿ってマグマが上昇し，マグマ溜まりが形成され，火山活動が起こる．マグマが地殻を破って地表へ抜けて噴出することを火山噴火という（図3.1参照）．

スラブ上面の深さが約 110 km に対応する陸のプレートの線を火山フロントといい，海溝やトラフとほぼ平行した線となる．これより海側には火山はなく，内陸側は火山地帯となるが，火山フロントには火山が集中する．太平洋プレートの沈み込みによる

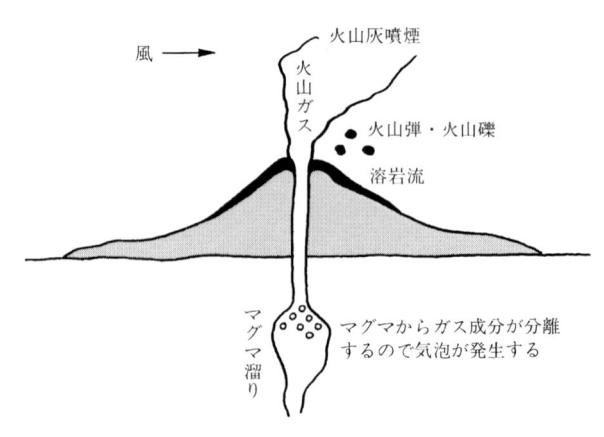

図 3.1　火山の横断図

3.1 火山噴火の機構

火山フロントは，千島列島のエトロフ島やクナシリ島の活火山から，雌阿寒岳，有珠山，岩手山，安達太良山，那須岳，浅間山，八ケ岳，富士山，箱根山，伊豆大島，三宅島，八丈島，鳥島，硫黄島を結ぶ線で，図2.4で示したとおりである．なお，フィリピン海プレートの沈み込みによって，浅間山付近から，飛騨〜琵琶湖〜京阪神〜瀬戸内〜九州〜琉球を結ぶ西日本で火山フロントができて，2.9節で前述したように，ユーラシア・プレートの東進する圧力によって一つの変動帯を形成しているとの説がある．

地下のマグマは地表に出ても1,000℃以上もある高温であることから液体として流れ出す．これを溶岩といい，溶岩が流れ出して開いた穴を火口という．火口の周囲に溶岩が堆積し，円錐形となって固まることが度々重ねられて高くなったものが火山である．日本の場合に富士山（後掲の図3.13参照）で代表される成層火山が多い．蝦夷富士とよばれる羊蹄山，津軽富士とよばれる岩木山などがある．なお，火山噴火の発生頻度は少なく，その影響範囲も限定されるが，発生すると大変な災害をもたらすことが多い．

マグマが地表へ抜けずに単に地表を押し上げるだけの場合がある．これを潜在溶岩円頂丘（火山円頂丘ともいう，図3.2参照）といい，当然火口はなく，災害は発生しない．潜在溶岩円頂丘の例として北海道洞爺湖有珠山の北麓の明治新山などがある．なお，活動中の火山をとくに活火山という．

大型火山ではマグマを地表に運び出した火口は広いことから，とくにカルデラ（ポルトガル語で"大鍋"）という．カルデラにはいろいろな種類があって，①単純な普通の凹地の代表とされる群馬県草津白根山の火口湖（図3.3参照），②明治21年（1888年）の大爆発で崩壊を起こして山頂部がえぐりとられて半円形の凹地となった崩壊カルデラの標本とされる福島県の磐梯カルデラ，③火口壁が何万年という長年月の間に崩れて大きくなった伊豆の湯河原カルデラ，④大量の火山噴火物により地下が空洞となって陥没したことによりできた箱根（"箱のような屋根"から地名が付いた）のカ

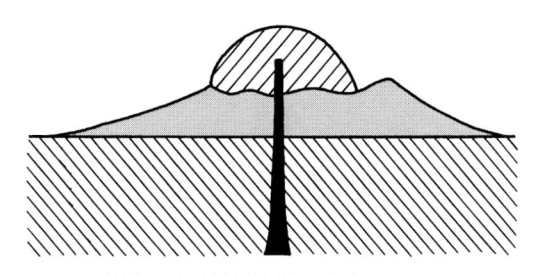

図3.2 潜在溶岩円頂丘（火山円頂丘）

図 3.3　群馬県草津白根山の火口湖

図 3.4　箱根の芦ノ湖

ルデラの芦ノ湖（図 3.4 参照）などの種類がある．

　大型火山の山腹には，火山噴火によりコブ山の側火山（寄生火山ともいう）とよばれる小型火山ができることが多い．富士山には 80 個もの側火山があり，宝永 4 年（1707年）11 月の大噴火では宝永山という側火山ができた（後掲の図 3.13 参照）．北海道洞爺湖の有珠山にも多い．後述する 3.5 節参照．

　なお，大型火山に付属しないでできた小型火山として，噴火の結果生まれた柱状節理である兵庫県の玄武洞の例がある．玄武岩という名もこの玄武洞からきており，付近には同じ小火山の清龍洞，朱雀洞，白虎洞がある．

3.2 火山噴火の種類

(1) 水蒸気噴火（水蒸気噴出）

地下で高温のマグマ（約 1,000 ℃）が冷却の過程で生じる火山ガスや熱水が上昇してくると，滞留している地下水と混合して気化膨張して水蒸気となり，ガスとともに水蒸気が地表へ噴出し，噴煙として白煙を上げる．この孔を火孔（火山灰を噴出する場合も含む）といい，接触する水は水量の限定される地下水であることから，大量の水が瞬時に水蒸気となって大爆発することはなく，爆発するとしても小規模な水蒸気爆発が続く程度である．活火山の平常の活動は，この白煙を上げる場合が多い．なお，一定間隔で水蒸気を吹き上げる間欠泉（図 3.5 参照）も一種の水蒸気噴出である．水蒸気とともにいろいろな微細な物質を吹き上げる場合には噴煙として黒煙が上がる（図 3.6 参照）．

図 3.5　ニュージーランドの間欠泉

図 3.6　黒煙をあげる中米のグァテラマ火山

（2）スルツエイ式噴火（水蒸気爆発）

高温の火山ガスや熱水やマグマが上昇して地表に抜けたとき，そこが偶然に海であったり湖であったりすると，高温の物質が短時間に海水や湖水などの大量の水に触れるので，瞬時に水が気化して膨張して大量の水蒸気が発生し，一挙に大爆発する．これを水蒸気爆発という．なお，数百mより深い地中では，水分は水量の限定されている地下水であることと，強い圧力に抑えられて気化も急速に進行しないこともあって水蒸気爆発は起きない．

わが国では，明治21年（1888年）に磐梯山が噴火し，十数回の噴火の最後に水蒸気爆発が発生して大崩壊をもたらした結果，付近の河川を堰止めて桧原湖と小野川湖と秋元湖の三つの湖を造り，461人の人命が奪われた．このほか，昭和27年（1952年）の太平洋上の明神礁の噴火や，昭和52年（1977年）の北海道洞爺湖の有珠山の噴火による水蒸気爆発や，平成元年（1989年）の伊豆伊東沖での海底水蒸気爆発などがある．

（3）ハワイ式噴火

きわめて穏やかな火口で，火口に溶岩が溜まって流れ出す．人々は溶岩流の側まで見物にいくことができる．ハワイのキラウエア火山の名をとってハワイ式噴火という．3.4節および3.5節参照．以下同じ．

（4）ストロンボリ式噴火

溶岩の下に火山ガスが溜まって断続的に噴出し，水蒸気を主とする白煙を高く上げる規模の小さい火山噴火をいう．イタリアの火山の名をとってストロンボリ式噴火という．

（5）割れ目式噴火

大地に生じた割れ目から噴火し，火山弾や溶岩を吹き出す．比較的穏やかな噴火の部類に属する．

（6）ブルカノ式噴火

ストロンボリ式噴火より激しい噴火で，粘性の高い溶岩が固まって，それを火山ガスが吹き飛ばし，微細な火山砕屑物などを含んで黒煙の高く上がる噴火をいう．イタリアの火山の名をとってブルカノ式噴火という．

（7）プリニー式噴火

ブルカノ式噴火よりもさらに激しい噴火で，マグマの上がってくる火道で火山ガスの圧力が非常に高くなって，火山ガスとともに大量の火山砕屑物を一気に噴出するとともに，火砕流を発生させる噴火をいう．イタリア・ベスビオス火山の噴火の様子を記録に残した人の名をとってプリニー式噴火という．

(8) プレー式噴火

きわめて粘性の高い溶岩を噴出し，破壊的な火砕流を生じる最も激しい噴火をいう．1902年に数回にわたって発生した西インド諸島のプレー火山は熱雲で多数の死者を出したが，その名をとってプレー式噴火という．

3.3 火山噴火と地震の関連

火山噴火と地震は一体のものであり，火山噴火の前後には地震があって，日本列島を地球的規模でみると，日本国内で遠く離れていても火山噴火と地震発生とは関連があるとの説が強い．

元禄16年（1703年）11月23日に発生した元禄関東地震により江戸は大打撃を受け，続いて3.5節で後述するように，元禄17年（1704年）10月に浅間山が噴火して大災害をもたらした．

宝永4年（1707年）10月4日に宝永地震が発生し，続いて49日後の11月23日に，富士山が大爆発して前述した小さなコブ山の宝永山を造った．これを宝永の噴火という．

昭和18年（1943年）暮から始まった北海道洞爺湖の有珠岳の噴火（昭和新山の誕生）と，昭和19年（1944年）12月7日の東南海地震と，昭和20年（1945年）1月13日の三河地震とは関連があるという．

平成2年（1990年）11月17日から始まった198年ぶりの雲仙普賢岳の噴火（3.5節で後述）と，平成7年（1995年）1月17日の阪神大震災（兵庫県南部地震，2.9節で前述）と，平成7年（1995年）10月17日から始まった257年ぶりの九重連山（九重火山）の噴火（3.5節で後述）とは関連があるのではないかとの説があるが，根拠はない．

3.4 外国の火山噴火

外国の代表的火山噴火の例を述べる．

（1）イタリア・ベスビオス火山の噴火（プリニー式噴火）

イタリアのナポリ東方にある標高1,186mのベスビオス火山は，79年8月24日に，突然に大噴火を起こして溶岩が流れ出し，山麓にあったポンペイをはじめとする町々は約2万人もの人々とともに瞬時に降灰によって埋まった．火山爆発による降灰は4年間も続き，火山灰や噴出溶岩によってすべてが約6mの地中に埋没した．その後の1631年になってベスビオス火山は再び大爆発を起こし，死の街ポンペイの上に，

図 3.7 ポンペイの遺跡

さらに約 5 m の火山灰が堆積した．埋没した都市の詳細な位置がわからなかったので，そのまま放置されていた．

1710 年に，ヘルクラネウム付近の農夫が井戸を掘っていて偶然に大理石の破片を発見したことから遺跡の発掘が開始された（図 3.7 参照）．

（2）西インド諸島・プレー火山の噴火（プレー式噴火）

西インド諸島のフランス領マルティニク島のプレー火山は，1902 年に噴火し，大量の火砕流が発生して砂を含んだ非常に高温の熱風がサンピエールの街を 150 km/h の速度で襲った．1,000℃という火砕流堆積物で街は埋め尽くされ，約 28,000 人の住民のうち助かったのは 2 人だけであった．

（3）アメリカ・セントヘレンズ火山の噴火（プリニー式噴火）

アメリカのセントヘレンズ火山はアメリカ富士ともよばれる均整のとれた美しい山である．1980 年 3 月 20 日に，セントヘレンズ火山の近くで $M4$ の地震が発生し，火山噴火の前兆と思われる地震が頻発するとともに，山体の地形の膨張が進行して，地表が変形するようになった．小さな水蒸気爆発も頻発しているうちに，5 月 18 日 8 時 32 分に，セントヘレンズ火山の直下で $M5.1$ の地震が発生し，山頂部で大きな崩壊が起きた．これが引金となって，山の崩壊のために火山内部にこもっていたガスや水蒸気の圧力が開放されて水蒸気爆発の大噴火を起こし，標高 2,950 m の山は約 400 m も低くなり，崩壊の後は直径約 2 km の馬蹄形の大きな火口（崩壊カルデラ）を開けてしまった．日本の会津磐梯山の噴火の大型アメリカ版である．

吹き飛ばした岩石や砂礫を混じえた爆風は，数百度の高温で，最高 200 km/h のスピードで，30 km にわたって走り抜けた．この結果，600 km² もの森林が焼けてしまい，その損失は 10 億ドルといわれる．そして，噴煙の高さは 20 km にも達し，北米大陸に大量の火山灰を降らせ，噴煙は広く大空を覆って高濃度のエアロゾル（1 μm 以下の大気中に浮かぶ個体や液体の粒子をいう）層を生成して寒冷化を招き，農作物が不作となった．一方，岩石や砂礫が谷を埋め尽くしたために北の麓にあるスピリット湖の水位は 60 m も上昇し，62 人の死者が出た．さらに，トウトル川に流入して発生した 2 次泥流は 50 km 以上も流下して家屋や道路や橋梁を破壊した．

（4）中米・ニカラグアの火山噴火

ニカラグアは環太平洋火山帯の一部をなす有数の火山国であり，太平洋岸に沿って 1 列をなして火山が存在している．湖沼の大部分は火山噴火によってできた火口に水がたまったものであり，活火山だけでも 12 もある．現在も活動している火山は，標高 623.7 m のマサヤ火山と，標高 1258.4 m のモモトンボ火山と，標高 1557.3 m のコンセプション火山の三つある．マサヤ火山（後掲の図 3.19 参照）は現在も噴気活動中であり，モモトンボ火山は地熱利用の発電が計画されている．コンセプション火山は，最近では 1982 年，1983 年，1984 年と噴火し，1986 年には噴火により災害が起きた．

（5）フィリピン・ピナツボ火山の噴火（プリニー式噴火）

1991 年 6 月 15 日 15 時頃に，フィリピンのルソン島の標高 1,600 m のピナツボ火山（火口湖がある）が大噴火し，噴煙は 30 km の高さにまで達した．有史以来の活動記録はなく，"世界活火山カタログ" にもピナツボ火山の名前は載っていなかった．上記のアメリカ・セントヘレンズ火山の噴火を上回る 20 世紀最大級の噴火で，降ってくる噴石や火山弾や火山灰のために付近の街や村は砂漠となり，その量は 5 km³ と推定されている．この数量は 3.5 節で後述する雲仙普賢岳の噴火の数百倍もの大きな数字である．多くの建物が壊れて下敷きとなり圧死した人も多く，死者・行方不明は 388 人にも達した．近くにあったアメリカ空軍のクラーク基地は放棄せざるを得なくなった．

3.5 日本の火山噴火

日本列島は環太平洋火山帯に属して火山噴火が多く，全世界の約 1 割にあたる 83 の活火山が分布している．北より順に一部について述べる（図 3.8 参照）．

（1）有珠山（プリニー式噴火，ブルカノ式噴火，水蒸気爆発）

北海道の洞爺湖は約 10 万年前の噴火でできたもので，続いて洞爺カルデラが形成

図 3.8　日本の火山分類地図

され，約 1 万年に湖水南岸に有珠山が誕生した．記録に残る有珠山の噴火は，慶長（1611年），寛文 3 年（1663 年），明和 5 年（1768 年），文政 5 年（1822 年），嘉永 6 年（1853年），明治 43 年（1910 年），昭和 18 年（1943 年），昭和 52 年（1977 年）である．

　文政 5 年（1822 年）2 月 1 日の噴火は"ウス山焼け"とよばれ，火砕流を伴うプリニー式噴火であった．当時は蝦夷地とよばれて住民はアイヌ人が中心であったことから，死者はアイヌ人 44 人で，和人は 6 人であった．

　昭和 18 年（1943 年）暮から始まった有珠山東麓で噴火活動が継続して始まり，新火山が生まれるようになり，このために，室蘭製鉄所に鉱石を運ぶ鉄道を移設せねばならない状況となった．この新火山は成長して昭和 20 年（1945 年）に標高 406 m の昭和新山（図 3.9 参照）という側火山が誕生した．昭和新山は当初北麓の明治新山と同じくマグマが地表へ抜けずに屋根山とよばれていた潜在円頂丘であったが，そのうちにマグマが地表へ抜けて尖頭をつくって側火山となった．さらに，有珠山は山頂部に潜在円頂丘を形成した後に，昭和 52 年（1977 年）から翌年にかけてもブルカノ式噴火をした．そして，小規模ながら湖水に触れて水蒸気爆発を起こした．

　また，平成 12 年（2000 年）に噴火して，火山灰をまき散らし，洞爺湖温泉街に大きな被害をもたらした．

図3.9 昭和新山

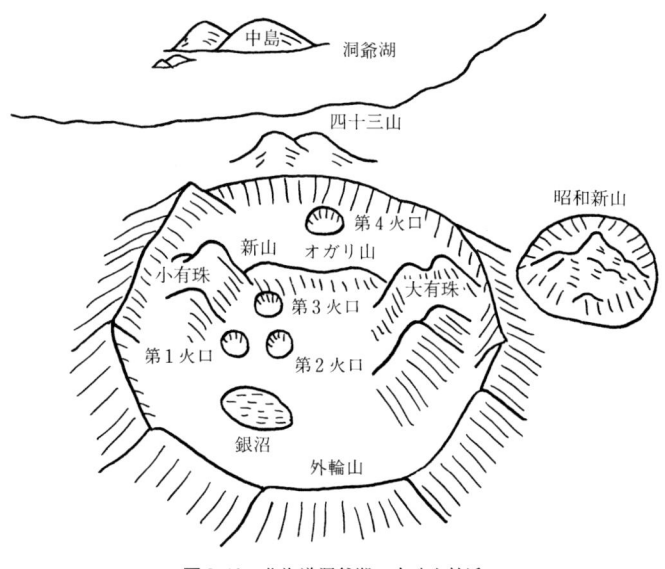

図3.10 北海道洞爺湖の有珠山付近

（2）鳥海山（プリニー式噴火）

　秋田・山形県境にある鳥海山の記録に残る噴火は，縄文時代のBC 466年に大噴火したのをはじめとして，貞観7年（865年），元文4年（1739年），元文5年（1740年）～寛延元年（1748年），享和元年（1801年）である．文化元年（1804年）6月4日の大噴火によって庄内地方は地震に見舞われ，象潟が隆起し，最上川と子吉川の間の被害が大きく，遊佐郷付近は全滅した．発生した津波で家屋が300棟も流失し，死者は333人にも上った．その後，火山活動は休止している．

(3) 磐梯山（プリニー式噴火，水蒸気噴出）

磐梯山は福島県北部の猪苗代湖の北側にある．那須火山帯に属する成層火山で，標高1,819 m，山頂部には直径約1.5 kmの火口があり，その北側には，明治21年（1888年）の大噴火でできたU字型のカルデラ（窪地）があって，いずれも内部に噴気口が散在している．磐梯朝日国立公園に含まれ，登山客やスキー客で賑わうほか，山腹の有料道路"磐梯ゴールドライン"などを大勢の観光客が訪れる．806年に噴火した古い記録があるほか，1643年以降に，噴火，噴煙，群発地震などの火山活動が11回記録されている．明治21年（1888年）の大噴火では山体の北側が崩壊，大規模な岩屑流が山麓の11部落を襲って461人が死亡した．その後，昭和62年（1987年），昭和63年（1988年）に群発地震が発生した．そして，平成12年（2000年）8月14日から火山性地震が起きるようになった．

(4) 浅間山（あさま）（プリニー式噴火）

長野・群馬境にある浅間山は，約5,000年前から火山活動が始まり，10回ほどの巨大噴火によって，現在見られる三重式コニーデ型（円錐型）の活火山が誕生したものであり，標高2,542 mもある日本最高峰の活火山である．そして有史以来数百回の噴火をしており，前兆として地震が起こることが多く，爆発的な噴火で大量の火山弾や火山灰などを吹き上げ，日本の火山噴火の代表とされている．なお，縄文時代における東日本はアイヌの国であって，"アサマ"とはアイヌ語（ほとんど縄文語と同じ）で"光り輝く神"という意味であり，活火山である浅間山に神を感じて"アサマ"と名付けたものである．後述する富士山も同じで，浅間（アサマ）神社が祭られたのである．

弘安4年（1281年）に浅間山が大噴火した．そして，大永7年（1527年）から元禄17年（1704年）10月の大噴火を含めて天明3年（1783年）にかけて15回も大噴火した．ことに天明3年（1783年）4月9日に始まった大噴火による鳴動は，関東・甲斐・信越地方から奥羽地方南部まで聞こえたという．火山灰や火山弾などを吹き上げて，現在の軽井沢でも人頭大の軽石が落下し，熱かったために火事の原因となった．火山灰の降る範囲は南北約30 kmで東西約200 kmにもおよび，江戸を含めた関東平野から東北地方まで細かい火山灰が降った．これらの地域では天空を火山灰が覆って日照を妨げて農作物は収穫皆無となり，天明の大飢饉の一因ともなった．

噴火が続いて溶岩ドームを形成するようになり，やがて，7月7日夜に溶岩ドームの一部が火砕流となって麓の吾妻村方面に向かい，8日朝に別の火砕流が麓の鎌原村に向かった（図3.11参照）．吾妻火砕流は間もなく凝固したが，鎌原火砕流は泥流化して一瞬のうちに鎌原村を襲い，村は泥流の下敷となって全滅した．火口からの火砕流は延長6 kmにも達し，泥流は吾妻川にも流れ込み，吾妻川は堰止められて冠水洪

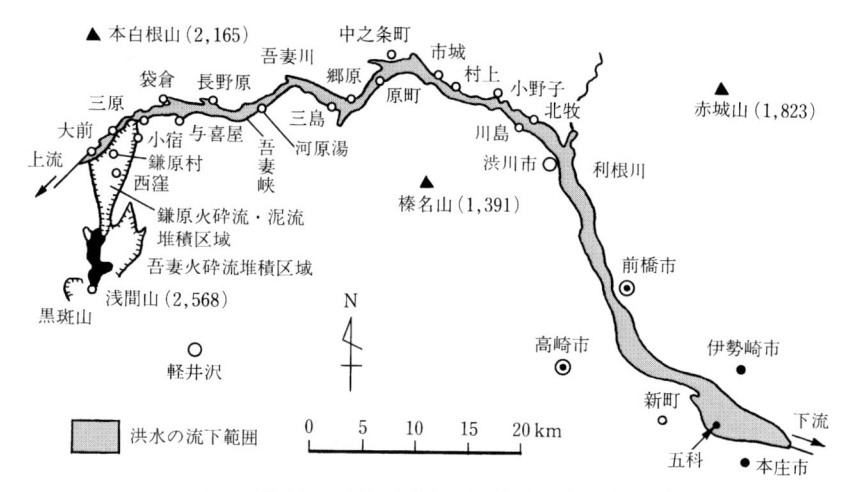

図 3.11 浅間山の天明 3 年噴火に伴う洪水・泥流の被害[42]

水を起こした．そして，堰止めが崩壊して洪水が発生し，下流地域は甚大な被害を受けた．100 kg を超えるお寺の梵鐘や標石が 20 km の下流に流され，埋没家屋 1,800 戸，死者 12,000 人にも達した．この天明の大噴火により合計 2～3 万人が犠牲となった．

この溶岩流は浅間山最後の流出物である．この溶岩流や火砕流が冷えて固まって浅間山の北側に"鬼押出し"として異様な景観を見せている（図 3.12 参照）．その後もたびたび噴火し，昭和 48 年（1973 年），平成 16 年（2004 年）にも噴火している．なお，南側の麓の軽井沢には火山観測所が設けられている．

図 3.12 浅間山北側の"鬼押出し"

(5) 富士山（プリニー式噴火）

日本を代表する火山である富士山は約 70 万年前から火山活動があったとされ，その火砕流は延長 40 km にも達したという．現在のコニーデ型（円錐型）の富士山が

形成されたのは約5,000年前で，その後に度々火山噴火し，3.1節で前述したように80個もの側火山を造った．有史以来の大噴火としては，天平神護17年（781年），延暦19年（800年）の噴火があり，天応元年（781年）ごろから火山活動が激しくなって，貞観6年（864年）に大噴火した．続いて宝永4年（1707年）11月23日に大噴火して，宝永山という側火山（図3.13参照）を造るとともに，駿河，相模，武蔵の国々に火山灰を降らした．その後，火山活動は休止しているが，富士山は2000年の間に7回噴火しており，最近，平成12年（2000年）からマグマ活動に関連する周期の長い低周波地震が観測されている．これは富士山が生きている証拠である．なお，山麓にある浅間（せんげん）神社は上述の浅間（アサマ）山と同じで，昔は浅間（アサマ）神社とよばれていた．

図 3.13　富士山（○印は宝永山）

（6）箱根火山（プリニー式噴火，水蒸気噴出）

箱根には富士山とうり二つの美しい山があったという．50万年前に活動を始めた箱根火山は噴火を繰り返して，高さ約2,700 mのもの成層火山となった．その山は25万年前の大噴火でマグマを大量に噴出したために中抜きとなり，山の頂部がそのまま陥没した．そして，約3,000年前に神山（標高1,438 m）が爆発したのが最後である．現在の箱根全体がカルデラ火口であって，大涌谷は箱根火山の最も新しい活火山の火口であり，大涌谷の荒涼とした大地からはおびただしい量の噴煙が立ち上がっている．

奈良時代から温泉地として発達し，毎年約1,900万人の観光客が訪れる．

（7）三原山（ハワイ式噴火，ストロンボリ式噴火，割れ目式噴火）

伊豆諸島の伊豆大島三原山の噴火のうち記録に残されている最も古い噴火は，日本書紀の記述によると天武天皇13年（684年）の噴火である．そして承和5年（838年），仁和2年（886年），応永28年（1421年）の噴火があり，貞享元年（1684年）から

始まった貞享・元禄の噴火，安永6年（1777年）から寛政4年（1792年）にかけての安永の噴火，昭和25年（1950年）から翌年にかけての昭和の噴火がある．

なお，伊豆大島の波浮港は承和5年（838年）か仁和2年（886年）の噴火のときに，マグマが海水に直接触れて水蒸気爆発を起こして生じた湖である．その後，元禄16年（1703年）の噴火による津波で海とつながり，さらに人工的に湾口が開削されて波静かな天然の良港となったものである．

最も新しい噴火は，昭和61年（1986年）11月15日17時25分に，伊豆大島三原山火口の南縁で突然噴火が始まった．噴火が続いて，島の東方と南西方にスコリア（玄武岩質で黒っぽいコークスのようなもの）などを降らせた．19日9時55分に，火口からあふれた溶岩が三原山の斜面を流下し始め，14時過ぎには溶岩の先端はカルデラ床に達した．23時20分には連続的な噴火は収まって，断続的な噴火となった．

11月21日16時15分に，三原山北方のカルデラ床で割れ目火口から噴火が始まった（図3.14参照）．この割れ目噴火と，続いて開いた剣ケ峰北斜面の割れ目火口からは大量の火砕物と溶岩が噴出するようになり，17時47分には，カルデラ北西の外輪山斜面にも割れ目火口ができて，噴火が始まった．この割れ目火口から噴火した溶岩流は元町方面に向かった．地震活動が激しくなったために，大島町では島民11,000人と観光客2,000人を島外に避難させる措置をとった．11月22日4時0分に噴火は静まったが，23日11時55分に，カルデラ床の割れ目火口から再び溶岩が流出した．

12月18日17時30分頃，三原山火口で再び噴火が始まり，21時21分まで断続的に噴火したが，以後静まった．これにより，島民は12月22日までに全員帰島した．全島民の1万人を超える人々がすばやく避難して，1人の犠牲者を出さなかったことは，火山噴火による防災・避難の実例として評価が高い．

(8) 三宅島の雄山（火山ガス噴出）

東京都伊豆諸島の三宅島の火山である雄山が噴火し，火口から火山ガスの有毒ガス

図3.14 伊豆大島三原山カルデラ床での割れ目火口からの噴火（東大提供）

が噴出するようになり，人々の生活に悪影響が出るようになった．そのため，平成12年（2000年）4月1日，三宅村では避難指示がなされ，全島民が本土へ避難した．火山ガスの噴出は止まらないが，島民の生活などの問題があって，平成17年（2005年）2月1日避難指示は解除された．三宅島のどこでも安全というわけではないことから，問題が残った．

（9）九重連山（九重火山）（水蒸気噴火）

大分県の九重連山（九重火山）は東西15 kmにわたる火山群であり，そのうちの星生山（ほっしょうざん）の中腹の通称硫黄山（標高1,580 m）はかつては硫黄鉱山として硫黄を採掘していた．普段から噴気孔から白煙として水蒸気（硫黄ガス）の煙が上がっている火山である．寛文元年（1661年）には古文書で"火が起こり焔が空中に登る"と記されているように活動したが，一般の火山噴火とは異なり，たまにマグマ噴火の記録もあるが，水蒸気噴火が中心の火山である．噴気活動は盛んなときと弱いときとがあり，延宝3年（1675年）と元文3年（1738年）の噴火活動して以来静かであった．平成7年（1995年）10月11日に火山灰を吹き上げる火孔（最大直径30 m）が多数できて，白煙が増えて1,000 mもの噴煙を上げるようになり，257年ぶりに降灰を伴う小規模な噴気活動が始まり，降灰は遠く熊本まで達した．約1か月でいったん終息したが，その後も噴火は続いた（図3.15参照）．

図3.15 九州・九重連山の噴火（大分県警提供）

（10）阿蘇山（水蒸気噴火，ストロンボリ式噴火）

阿蘇山は100万年前頃から火山活動しており，30万年前頃から8万年前頃にかけて大量の溶岩を流出したために，地下のマグマ溜まりは空になってしまい，上部が陥没して，3.1節で前述した④箱根カルデラを形成した．これが現在の東西18 km南北25 kmの阿蘇カルデラである．そしてカルデラの中には噴火によって中岳（標高1,592

m）などの中央火口丘群ができている．

　記録に残る古い噴火は欽明天皇15年（553年）や延暦15年（796年）の噴火があり，記録に残る噴火の回数では日本の火山の中で最も多い．明治以前は約60回で，明治以降は120回を超えている．特徴として，噴火するのは中岳だけで，それも溶岩を流出するものでもなく，水蒸気噴出や小規模の水蒸気爆発またはストロンボリ式噴火によってエネルギーを少しずつ吐き出している．火口が静かなときは上から覗くこともできる（図3.16参照）．

図3.16　阿蘇山の中岳の火口

図3.17　九州・雲仙普賢岳の噴火
（建設省（現：国土交通省）提供）

(11) 雲仙普賢岳（プリニー式噴火）

　雲仙普賢岳の火山活動は約25万年前から始まったとされている．有史以来最初の噴火は寛文3年（1663年）で，約500万 m^3 もの溶岩が流出した．幅約100 m，延長約1 kmの古焼溶岩として残されている．そして，翌年に赤松谷に沿って土石流が発生し，30人以上の人が死亡したという．

　寛政4年（1792年）に噴火して溶岩流が発生し，50日にもわたって約2,000万 m^3 の溶岩が流出した．これが延長2.5 kmの新焼溶岩として残されている．2回とも溶岩ドームを造ることはなかった．

　平成元年（1989年）11月21日から西側山麓の橘湾で火山性地震が始まり，これが前駆地震活動期で，約1年続いた．平成2年（1990年）11月17日に，雲仙普賢岳は約200年ぶりに噴火を開始し，翌年の平成3年（1991年）5月20日からは溶岩ドー

ムの形成が始まり,水無川上流で土石流が発生し,火砕流も発生し始めた.

　平成4年(1992年)に溶岩の噴出量は30～40万m^3/日にも達し,その崩落によって発生した大規模な火砕流によって6月3日に179棟が焼失し,死者・行方不明43人と負傷者10人の犠牲者を出した(図3.17参照).

　平成5年(1993年)6月23日には,別の場所で大火砕流が発生し,約200棟の家屋が焼失し,死者1人が出た.これらの火砕流により約800棟の家屋が被害を被り,火砕流堆積物からの土石流が発生して1,339棟の家屋が損壊した.溶岩ドームは成長を続けて溶岩の噴出量は2億m^{3}を超えた.

　平成5年(1993年)には溶岩の噴出量は一時減ったが,別の噴火口ができたために,また増えた.避難勧告が出されて警戒区域や勧告区域が指定され,避難した人数は一時地元の人口の約1/5の11,000人にも達した.国道251号線も島原鉄道も遮断されて地域経済に深刻な影響を及ぼした.

　平成7年(1995年)2月に入って,火山性地震の零(無感)の日が増え,2月中旬からはマグマの上昇は見られず,溶岩の供給が止まって,溶岩ドームの成長が停止し,火砕流も発生しなくなり,噴火活動は停止した.

　4年4か月間の噴火で雲仙普賢岳は126mも高くなり,温度の高いまま溶岩ドームは150mの高さ(標高1,483m)となり,平成新山と命名された.溶岩と火山灰の体積は17,000万m^3(東京ドームの140倍),100haの土地に厚さ3mの土石が堆積した.

(12) 桜島(ブルカノ式噴火)

　鹿児島湾(錦江湾)の桜島は和銅元年(708年)の噴火で一夜で島ができたという.また,天平宝字8年(764年)の噴火でも三つの新しい島が誕生したという.そして,文明3年(1471年)から2～3年おきに5回も噴火し,文明8年(1476年)9月12日の噴火では多くの被害が出た.

　安永8年(1779年)に大噴火したが,噴火前日に地震が多発し,噴火当日には桜島内の井戸は沸騰し,海水の色までも変わったという.翌日から溶岩の流出が始まり,鹿児島湾(錦江湾)の沿岸は高潮の災害を被った.

　大正3年(1914年)1月12日にも大噴火した.このとき,前日の夜半から地震が始まり,多数の火山弾が民家の屋根に落ちて家屋が炎上した.夕方にはM6.1の火山性地震が発生して,全壊家屋39棟,死者13人の被害が出た.夜になって大爆音とともに大爆発が始まり,翌13日朝まで続いた.午後から溶岩の大流出が始まり,桜島は一面火の海になった.溶岩の流出によって桜島の東岸の村落は全滅し,流出した溶岩で桜島は本土の大隅半島とつながった.

　桜島はもともと大きな爆発を間欠的にする火山であったが,昭和30年(1955年)

からは比較的小規模な噴火を連続的にするようになった．平成4年（1992年）4月に噴火し，平成7年（1995年）8月にも噴火し，近隣に火山灰を降らせて被害をもたらしている（図 3.18 参照）．なお，この桜島の8世紀以来の噴火記録は残されていて，世界でも珍しい存在とされている．

図 3.18　噴煙をあげる桜島（鹿児島高専提供）

(13) 口永良部島の火山活動

平成 17 年（2005 年）1 月 21 日，鹿児島県の口永良部島では，火山性地震の多い状態が続くなど，やや活発な火山活動が続いた．

3.6　火山噴火の予知

火山活動の原動力となる自然エネルギーはきわめて大きく，人類はこれをコントロールできない．しかし，その場所・時期・規模などを予測することによって災害を防止し被害を最小限に食い止めることができる．そして，地震とは異なって，活動が始まってからでも間に合うこともあるという利点がある．

火山噴火の始まる前には，地下数 km にある生成されたマグマ溜まりが膨張し始めることから体積増加や圧力増加が生じて，火山の山頂部はしだいに膨らんでくる．地表が変形することから，水準測量の繰り返しや傾斜計による観測などから噴火を予知することができる．

噴火の前には火山周辺で小さな低周波地震が頻発することから噴火の予測が可能な火山も多い．しかし，噴火活動の記録のある火山の近くで群発地震が発生した場合に，火山性地震であるのか，単なる群発地震であるのかの判断は難しいことが多い．震源位置がだんだんと浅くなったり1箇所に集中するような場合はマグマ（図 3.19 参照）の上昇による火山性地震の可能性が高い．単なる群発地震では地震エネルギーを分散

図 3.19 火口からマグマの見えるニカラグアのマサヤ火山

させていることから，あまり心配する必要はない．また火山性地震であっても地下の熱水が異常を示すだけではマグマの圧力が増大しているに過ぎず，噴火の心配はないが，地下の水蒸気圧が増大・上昇するようであれば，マグマが上昇していることを示しているので火山噴火に至ると考えてよい．平成元年（1989 年）に伊豆半島の東方沖で火山性地震が群発し，海底で火山噴火して，伊東沖で水蒸気爆発を起こした．

火山噴火が始まると，その期間は地下で生成されたマグマがなくなるまで続くことから，マグマ溜まりの容積を推計し，流出する溶岩量を図ることにより噴火の継続期間を推定することができる．噴火後は噴出量にほぼ等しい地下部分の体積減少・圧力低下によって地表が沈下する．3.1 節で前述したように，地下が空洞となって陥没し，カルデラが形成される．

火山活動も一種の地震活動であり，火山の噴火には地震の発生を伴う．火山活動が地震の原因になるからである．逆にセントヘレンズ火山の噴火のように地震が火山噴火をよび起こした例もある．噴火の起きる数か月前か数日前か数時間前から地震が発生することが多く，噴火の前に起きる地震は噴火の予知に役立つ．ただ，3.1 節で前述したように，火山の下部で地震や地形変動があっても潜在円頂丘を生成するだけで，必ずしも噴火を起こさないことがある．

3.4 節で前述したフィリピン・ピナツボ火山の噴火では，フィリピン火山地震研究所が予知に成功して危険区域を設定し，人々には"火山灰を吸い込まないように濡れた布で鼻を覆いましょう"とか"屋根に積もった火山灰はすぐに取り除きましょう"などと PR した．大噴火の前日には"今日明日中に大噴火するおそれがある"と発表して，予知は見事に的中し，噴火の規模が桁はずれに大きかった割合には人的被害は少なかった．予知が成功した実例である．

伊豆大島が噴火したとき，斜面でマグマが噴き出した．その前日，南の波浮の港の

沖合で漁をしていた漁師の頭の上を大島に多く住む野鳥のメジロが真っ黒な大きな群れをなして隣の利島を目指して飛んで行った．これは人が失ってしまった，文明を超えた能力を野鳥がもっていることを示している．

火山噴火予知の理想としては，①噴火の時期，②噴火の場所（山頂か山腹か），③噴火の規模，④爆発型か溶岩流出型か，⑤火砕流や泥流の可能性，などの予知が必要とされている．わが国では83の活火山のうち，図3.8で示した阿蘇山や桜島などの13の火山は「活動的でとくに重点的に観測研究を行うべき火山」として位置づけられ，23の火山は「活動的火山および潜在的爆発力を有する火山」と分類して火山観測研究が行われており，火山活動に関する総合的判断などを行う火山噴火予知連絡会が設置されている．

3.7 火山活動による災害とその対策

火山噴火による災害には，火山性地震，火山灰などの吹上げ，火砕流や火山砕屑物の流出による火山泥流や火山溶岩による侵食などの直接災害のほかに，気象変化による間接災害があり，人命を含めて大きな災害をもたらす．

1783年の浅間山，1883年のクラカトウ火山，1912年のカトマイ火山，1963年のインドネシアのバリ島のアグン火山，1980年のアメリカ・セントヘレンズ火山，1982年のエル・チチョン火山，1991年のフィリッピン・ピナツボ火山の噴火などが火山災害の代表例とされている．

（1）インドネシアの火山災害の実例

インドネシアは世界一の火山国で，総数約400もあり，活動中の火山だけでも129もある．そして，火山活動に起因する火山泥流災害が人々の生活や生産活動に影響を及ぼしている．クルー火山は1586年の噴火で死者1万人，1919年の噴火で死者5,000人，ガルングン火山は1822年の噴火で死者4,000人，1982年の噴火で被災者4,000人を出している．

災害対策としては，1976年のジャワ島中部のメラピ火山の噴火による大規模な火山泥流災害を契機として，後述する対策が整備されつつある．しかし，流出土砂量があまりにも膨大であるために，数年か十数年で砂防施設が埋もれてしまったり，土砂流出によって上流で河川争奪（大規模な流路変更）が行われて，河川の下流では洪水などの危険性が高くなるという状況がある．

（2）コロンビアの火山災害の実例

南米コロンビアのアンデス山脈の最北端に位置する標高5,399 mのネバド・デル・ルイス火山で，1845年に噴火による泥流が発生して約1,000人もの人々が死亡

した．この経験から，コロンビア政府は過去の噴出物の性質や年代より，将来の大噴火による降下噴出物，溶岩流，火砕流，泥流などによる災害の発生しやすい地域を明示した災害予測図を作成した．残念なことに地元の市町村では，情報伝達や避難体制など現実の防災対策に生かしていなかった．

1984年11月から火山性地震が続き，1985年11月13日に噴火した．溶岩ドームが崩れて高温のガスとともに火砕流が下流の氷河の上に広がった．高温の火砕流のために大量の氷河が融けて泥流となり，泥流は途中の谷の急峻な斜面を削り，進むにつれて規模が大きくなった．火山から50 kmも離れたアルメロの街も，90％の建物が埋められたり流されたりした．アルメロの街の人口29,000人のうち，21,000人が泥流に呑まれて死亡した．

このネバド・デル・ルイス火山の大惨事は，災害対策として，①水蒸気噴出（水蒸気噴火）でも一定区域の立ち入り禁止，②精度の高い災害予測図の作成とその配布，③土地利用と防災対策，④緊急時の情報伝達網の整備，⑤防災避難体制の確立，の一つでも欠けると災害を避けられないことを示している．

（3）わが国の火山災害の実例

わが国の火山災害の実例は，3.5節で前述したとおりであるが，後日に泥流による災害の発生することがある．昭和52年（1977年）の有珠山の噴火時には死傷者はなかったものの，噴火後1年4月後に，積もった泥灰による大泥流が発生して3人の死者が出た．

（4）火山噴火による直接災害の対策

インドネシアでは国内のすべての活火山についての災害予測図が1冊の本にまとめられており，アメリカ・セントヘレンズ火山の噴火のときには，事前に過去の噴出物の調査を元にして災害予測図が作成されて立ち入り規制などの処置がとられていたことから，人命の損失も最小限で済んだ．

わが国では火山災害対策として，昭和48年（1973年）に活動火山周辺地域における避難施設等の整備等に関する法律が制定され，昭和53年（1978年）に「活動火山対策特別特別措置法」として改正された．その対策として，①避難施設の整備，②防災営農施設等の整備，③降灰防除施設の整備，④降灰除去，⑤治山・砂防事業の推進が行われている．

①避難施設としては，火山泥流のテレビなどによる検知システムを設け，検知すれば防災無線などで各戸に通知する予報警報システムを整備する．⑤治山・砂防事業として行われる災害防止工事としては，砂防ダム（図3.20参照），床固工，導流堤，サンドポケットなどの砂防施設により，侵食および火山砕屑物の流出の抑制と調節を図るほか，導流堤を設けて火山砕屑物を降雨によって海への直接流出を図る．

図 3.20 砂防ダム

　雲仙普賢岳の災害対策の例をとると，砂防ダムを 40 基設けるほか，土石流の対策として堆積した土砂を直接海に流すために，水無川の下流に本流とは別に導流堤を設け，1 回の降雨で，本流で 60 万 m³，導流堤で 100 万 m³ を流す計画となっている(図 3.21 参照).

図 3.21 河川と導流堤

（5）火山灰などの浮遊物による間接災害

　大量の火山灰が降下して高速道路の通行を阻害するほか，鉄道の走行を止めたり，細粒子がコンピュータなどの機器に入って機能を阻害することもある．火山噴火は火山灰を吹き上げるだけでなく，多量の火山ガスを成層圏まで吹き上げて濃密なエアロゾル雲を形成させる．成層圏にできた煙霧体雲は太陽からきた光を吸収したり反射・散乱させて太陽エネルギーを遮る結果，火山灰が太陽光線を妨げることも手伝って，地表にまで到達する太陽光線が少なくなり，地表近くの気温が低下し異常気象の原因

となる．地表に入射する太陽光線が1％変化すると地球の平均気温が約1.5℃変化するとされている．被害として日照量の減少から農作物の凶作が発生するが，それを防止する対策はない．大規模噴火の場合には世界的に影響が出ることを歴史は教えている．

なお，火山ガスの中にフッ化水素が含まれていて，二酸化炭素やフロンガスと同じように地球温暖化などの影響を与える．後述する8.3節参照．

第4章 津　　波

4.1　津波の発生

　プレート間型地震で海底を震源とする場合に，広い面積の海底が急に隆起したり陥没するという地殻変動を生じるので，その上を覆っている海水も上下に変動して津波が発生する（前掲の図2.5および図4.1参照）．ただし，震源が60 km以上の深い場合には津波はまず発生しない．また，小さな地震では津波は発生しない．震源が浅くマグニチュード M 6.3以上の場合に津波は発生し，震源が40 kmの深さでもマグニチュード M 8.0以上の場合に大津波が発生するとされる．当然内陸直下型のプレート内型地震（プレート破断型地震）や活断層による地震では津波はない．なお，火山噴火に伴う土石流（山津波）が大量に海に流れて津波が発生することがある．

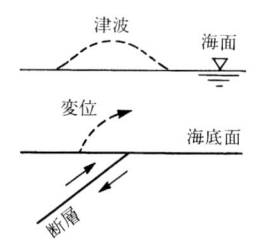

図4.1　津波の発生

　地震による海底面の鉛直方向の変位がそのまま海面の高さの変位となって津波の高さが決まり，波長は数十kmから百数十kmの長波の波となる．津波の速度，つまり波速は波の波長や海の深さによって異なり，水深に重力の加速度を掛けて平方根をとって得られるが，実務的には水深（m）を10倍して平方根をとれば波速（m/s）が得られる．太平洋の深さの平均は約4,000 mであることから，津波の速度は200 m/s（＝720 km/h）前後のものが多く，ジェット機なみの速さとなる．

　波速は水深の要素が大きいことから海底の地形に左右される．そして，途中の海底の地形によっては津波の進行方向は思わぬ方向へ向かうこともある．日本近海には日本海溝など深い海底地形が複雑に入り交じっていることから，単純な進行とはならな

い．水深によって波速が異なるので，津波は浅い方へと向きを変えていく．そして，陸に近づくと海が浅くなることから，上記の理論で津波の速度は遅くなる．遅くなっても，陸に上がった津波の速度は 10 m/s（＝36 km/h）ぐらいの速さであることが多く，100 m を 10 秒で走るオリンピック短距離選手なみの速さなので，一般の人々は走っても逃げ切れない．

　津波の先端が浅い場所に届いて，エネルギーによる進行が遅くなっても，津波の波長は長く，津波の後端はまだ水深の深い場所にあって，速い速度で追い付いてくる．つまり，速度が落ちると波の後ろ部分が前の部分に衝突する形でせり上がる．それで，陸地へ近づいて浅瀬へ進むと，速度が落ちると同時に，津波のエネルギーが集中し波の高さが急激に高くなる．20 m 以上にも達することがあり，これを浅水効果という．波高の高いことはエネルギーが圧縮されていることであることから，この陸に上がった津波には破壊力があり，木造家屋は壊されて引き波にさらわれてしまう．

　なお，津波は沖合では海が深く大きな潮のように感じるだけで津波の高さもパワーも小さいことから，被害を避けるために，津波警報がでると港に停泊している船舶は沖合に向かって出航する．なお，津波の語源は，"津"（港のこと）に押し寄せる海の波からきているが，これは沖合では大した波でもないのに"津"では大きな波であるからである．そして，津波は日本語としてだけでなく**tsunami**として国際的にも通用する用語になっている．このほか湾内や海底海岸の地形によっても津波の高さが増大する．これを湾入による増幅効果という．

　津波が海岸へ押し寄せると，まず海水が引いて，引き潮で海岸が干潟となったと思った途端に，引いた海水は沖合で異常に膨れ上がり，満を持したように押し波が壮大なる水の壁となって海岸一帯に押し寄せる．そして，間もなく再び海水は引いて，その後に沖合で膨れ上がり，海岸に向かって白い飛沫をまき散らしながら突き進んでくる．

　このように津波は何回も押し寄せる．波の周期は一定ではなく，震源地から遠いほど周期（間隔）は長い．2回目の波がいちばん大きいことが多い．そして圧壊した家屋だけではなく，辛うじて波から逃れた人々の身体を容赦なく沖合へ運び去る．津波は何回も押し寄せるが，波高は序々に低くなる．

　津波は沖から来るばかりではなく，海岸近くの海底や川底などから吹き上がる場合もある．そして，津波は必ずしも引き波から始まるものではなく，先に押し波があることもある．引き波の大きさと津波の大きさとは対応しない．

　なお，津波は海面だけがせり上がるものではない．図 4.1 において，地震によりせり上がった海底面の変位により，海底面と海面との間の膨大な海水が行き場を求めて移動し，陸地に押し寄せるのである．

4.2 外国で発生した津波の影響

外国で発生した大きな津波として，1755年11月のリスボン大地震による大津波，1812年のフランスのマルセイユを襲った大津波，1958年7月アラスカのリシヤ湾を襲った大津波などがある．外国で発生して日本列島に影響した大津波を下記に述べる（明治以前も新暦に換算）．

（1）南米で発生した地震による津波

南米からの津波のエネルギーは，海底地形の関係から，日本列島に向かって収れんする傾向があり，超遠距離であるにもかかわらず意外と波高は高い．

貞享4年（1687年）10月20日に，ペルーのキャラオで地震と津波が発生し，日本列島には22日に到達して，仙台藩の沿岸で12回ぐらい，琉球諸島では3回にわたって津波に襲われて被害が出た．

享保15年（1730年）7月8日に，チリのコンセプシオンで地震と津波が発生し，日本列島には9日に到達して，陸奥の国で被害が出た．

宝暦元年（1751年）5月24日に，チリのコンセプシオンで地震と津波が発生し，日本列島には26日に到達して，三陸の大槌地方に被害が出た．

天保8年（1837年）11月7日に，チリのヴァルディヴィアで地震と津波が発生し，日本列島には8日に到達して，三陸の陸前本吉・気仙地方に被害が出た．

大正11年（1922年）11月11日に，チリのアタカマで地震と津波が発生し，日本列島には12日に到達して，太平洋沿岸に被害が出た．

昭和35年（1960年）5月23日，チリの中部沖合で，$M\,8.5$の巨大地震と大津波が発生し，ハワイを襲い，日本列島まで17,000 kmを約22時間かかって24日に到達し，三陸沿岸を中心として北海道から沖縄まで襲った．津波の波高は，八戸で3.3 m，大船渡で5.5 m，銚子で2.1 m，須崎で3.2 m，沖縄の大浦で3.3 mであった．家屋の全壊1,500棟で，死者122人，行方不明20人の被害を出した．

（2）北太平洋方面で発生した地震による津波

北太平洋方面のカムチャッカ半島やアリューシャン列島やアラスカで発生した地震による津波のエネルギーは，ハワイ方面に向かって集中する傾向がある．しかし，巨大地震の場合には日本列島へも影響を及ぼす．

アメリカ北西部沖の太平洋の"カスケード沈み込み帯"は日本列島近海の南海トラフに似ているが，1700年1月27日に$M\,9$クラスの地震とともに大津波が発生し，翌28日（旧暦では元禄12年12月）未明に日本列島に到達し，宮古，大槌，那珂湊，田辺などでは民家の被害が生じた．

昭和27年（1952年）11月5日に，旧ソ連邦のカムチャッカ半島南東沖で$M\,8.3$

のカムチャッカ沖地震とともに大津波が発生し，日本列島にも到達して，北海道南岸および三陸沿岸に波高 1～3 m の津波が押し寄せ，1,200 戸の家屋が浸水の被害を受けた．

（3）インドネシアで発生した地震による津波

インドネシアは地震の多い国であるが，発生した津波は日本列島への途中に多くの島々があって津波を遮ることから，日本列島への影響はほとんどない．

1883 年 8 月 26 日 13 時頃，インドネシアのスンダ海峡（スマトラ島とジャワ島の間にある平均深さ約 200 m の浅い海峡）にある火山島のクラカトウ島が大噴火した．その噴煙は高さ 30,000 m まで上がった．翌 27 日 10 時 2 分，かってない大爆発が起き，630 万トンと推定される噴出物を出し，クラカトウ島の 2/3 は海面から消えた．大津波が発生してスマトラ島南部とジャワ島西部を襲い，湾入部では波高は最大 36 m にも達し，36,000 人もの死者が出た．そして津波は太平洋を横断してアメリカ大陸に達したほか，地球をぐるっと回って 32 時間後にイギリス海峡で海面を上昇させた．このクラカトウ火山噴火による津波は有史以来世界最大規模の津波とされている．

1992 年 12 月 12 日，インドネシアのフローレス島で M 7.5 の地震が発生した．フローレス島の沖合 12 km にある小さなバビ島では，高さ約 3.5 m の津波が押し寄せて，木造家屋は壊滅し，約 950 人の住民のうち，約 750 人が犠牲となった．

2004 年 12 月 26 日 9 時 4 分（日本時間 11 時 4 分），インドネシアのスマトラ島で，北端のアチェ特別州の首都バンダアチェの西方沖合のインド洋の深さ 10 km の海底を震源とし，インド・オーストラリア・プレートとユーラシア・プレートの境界線におけるマグニチュード M 9.0 のプレート型のスマトラ沖地震が発生した．過去 40 年間で最大規模の地震である．

波の高さは約 10 m で，最大 20 m を超えるインド洋大津波が発生し，ジェット機並の 640 km/h と推定される速度で伝搬した．陸地に近くなって水深が浅くなると，約 30 km/h と速度は落ちるが，逆に波の高さは高くなって，陸地に押し寄せ，内陸部奥深く約 1 km，最大で 5 km も浸入した．

ハワイにある太平洋津波警報センター（PTWC）では津波警報を発し，1 時間後にはタイにも警報していたが，情報は現地に届かなかった．

大津波はインドネシアだけではなく，タイ，スリランカ，インド，マレーシア，ミャンマー，バングラデッシュ，アンダマン・ニコバル諸島，モルジブの近隣諸国のほか，アフリカ大陸のソマリア，ケニア，タンザニアにまで及んだ．

タイのプーケット島には，地震発生後約 2 時間で津波が到達し，海岸より 1 km 以上も奥深く浸入した．なお，タイでは約 300 年間津波の経験はなく，5,313 人の死者が出た．

スリランカは1,600 kmも離れているが，2時間余で高さ10 mの津波が到達し，レールや枕木とともに，9両編成の列車が数百mも押し流された．

インド南部チェンナイには，地震発生後約3時間で津波が到達した．

モルジブでは首都の2/3が水没し，約7,000 kmも離れている南極大陸の日本の昭和基地でも，地震発生後約12時間で，高さ最大73 cmの水位上昇，つまり津波が観測された．最大波は第10波であった．

被害を受けた地域は，情報システムが不備であるために，突然に津波が海岸地帯を襲う結果となった．インド洋沿岸諸国全体で，死者は21万人を超え，避難者は124万人，被害者は約500万人，このうち住居を失った人は約100万人という．この被害は1883年に発生したクラカトウ火山噴火による津波被害を超えるものである（図4.2参照）．

図4.2 インド洋大津波によるスマトラ島の被害（応用地質調査提供）

4.3 日本の津波の歴史

(1) 古代・中世の津波

天武天皇13年（684年）10月14日，白鳳大地震が発生して，西海道，南海道，東海道の各地方を大津波が襲った．

貞観11年（869年）5月26日，三陸沿岸で大地震が発生して大津波が沿岸地方を襲い，多賀城下（現在の宮城県）も大被害を受けた．

仁和3年（887年）8月26日，地震発生により，畿内，南海道，日向に津波が襲来し，大坂（現在の大阪）で溺死者多数の大被害を受けた．

正平16年（1361年）8月3日，地震発生により，摂津，土佐，阿波に津波が襲来

し，甚大な被害を受けた．

明応7年（1498年）9月20日，地震発生により，紀伊から東海道全般と房総にわたる沿岸を津波が襲った．

（2）近世（安土桃山・江戸時代）の津波

2.9節で前述したように，慶長元年（1596年）閏7月12日（新暦で9月4日），九州の別府湾を震源とする地震が発生した．このとき，大分の高崎山が地すべりを起こして，大土石流が別府湾内に突入して大津波が発生した．このために別府湾沿岸の村々が流失し，別府湾内にあった東西4kmで南北2kmの瓜生島が水没して，807人が溺死したという．

慶長9年12月16日（新暦で1605年2月3日）に発生した慶長地震により，九州から犬吠崎に至る間の太平洋沿岸を津波が襲った．

慶長16年（1611年）10月28日に発生した慶長三陸沖地震により，北海道東岸と三陸沿岸は津波に襲われ，仙台藩で死者1,783人，津軽藩と南部藩でも人馬に大きな被害を被るなど大災害をもたらした．

延宝5年（1677年）11月4日に，地震発生により，磐城から房総および伊豆諸島にかけて津波が襲い，死者123人などの被害を被った．

元禄16年（1703年）11月23日に発生した元禄関東地震により，房総半島沿岸から伊豆半島東岸にかけての範囲に津波が襲来し，江戸湾にも津波が入って品川を襲った．房総半島の九十九里浜では津波の高さが5～6mもあり，鎌倉では600人が死亡した．

宝永4年（1707年）10月4日に発生した宝永地震により，大津波が伊豆半島から瀬戸内海や九州に至る沿岸を襲い，紀伊田辺で多数の人々が死亡したほか，大坂（現在の大阪）でも押し寄せてきた津波により小船に乗っていた多くの人々が溺死した．

寛保元年（1741年）8月29日に，前触れのない低周波地震により，松前から熊石に至る北海道渡島半島の西岸80kmの沿岸を津波が襲った．

明和8年（1771年）3月10日に発生した八重山地震により，八重山諸島を津波が襲い，石垣島では波高約30m最大85.4mの津波となり，1,891戸の家屋が流失し，人口の半分近い11,741人が溺死した．

3.5節で前述した寛政4年（1792年）の九州の雲仙普賢岳の噴火で，新焼溶岩の噴火活動が終わってから群発地震が続き，小さな山崩れや地割れや湧水の変化が見られていた．4月1日に2回の強い地震が起きて眉山の大崩壊をもたらし，土石流で大量の土砂が有明海に流れ込み，3波で最大波高10mの大津波が起きた．この大津波のために，有明海沿岸で約15,000人もの人々が溺死した．これが"島原大変肥後迷惑"とも"温泉崩れ"ともよばれた日本最大の火山噴火による2次災害である．

天保4年（1833年）12月7日に発生した天保庄内地震で，津波が出羽国から北海道まで広く襲った．出羽国庄内地方の湯野浜～三瀬間で，船の流失285隻，流失家屋153棟で，溺死者を39人も出した．

安政元年（1854年）11月4日に発生した安政東海地震により，大津波が房総半島から九州にかけて襲い，家屋の倒壊流失は約8,300棟，焼失約300棟で，死者は約1,000人にも達した．

上記の地震の32時間後の翌日に発生した安政南海地震により発生した大津波はほぼ同じ地域を襲い，土佐の国では波高16mにも達し，大坂（現在の大阪）湾内まで侵入して，安治川と木津川に山のような大波が押し寄せた．大津波による家屋の流失約15,000棟，半壊約40,000棟にもなり，死者は約3,000人にも達した．

安政3年（1856年）7月23日に発生した安政北海道南東部地震により，現在の青森県から岩手県三陸地方を津波が襲い，多くの死者が出た．

（3）近代（明治・大正・昭和初期）の津波

明治29年（1896年）6月15日に発生した明治三陸地震は，2.3節で前述した低周波地震（スロー地震）で，震度1か2ぐらいの小さな揺れの地震であったが，大津波が発生して，岩手県の三陸沿岸へ襲来した．小さな揺れであったために人々は油断していた．津波は数十回にわたって押し寄せ，波高は平均して10～15mで，最高は30m以上もあり，湾の奥ではせり上がりで50mにも達した．有史以来世界第2位の大津波で，日本列島では最大の津波であり，家屋の流出9,277棟，死者26,450人の被害を出し，地区によっては完全に壊滅した．北海道から関東地方にかけてのほか，小笠原諸島やハワイ諸島まで小津波が押し寄せた．

大正12年（1923年）9月1日に発生した関東大震災（関東地震）で，津波が相模湾と房総半島を襲い，波高は熱海で12mにも達し，熱海のほか，伊東，鎌倉でも大きな津波の被害を受けた．

昭和8年（1933年）3月3日に，昭和三陸沖地震の発生後20分以上経って，三陸沿岸に大津波が押し寄せ，波高の最大は28.7mにも達し，家屋の流失5,000棟を超え，死者は3,008人にも達した．

昭和15年（1940年）に発生した積丹半島沖地震でも津波が起きた．

昭和19年（1944年）12月7日に発生した東南海地震により津波が三重県尾鷲市で波高6mにも達し，三重県のほか，愛知県下と静岡県下に大きな災害をもたらした．この津波はハワイやアメリカ本土の沿岸にも達して，戦争中のアメリカでも地震観測と津波から大地震の発生を知った．

（4）現代の津波

昭和21年（1946年）12月21日に発生した南海地震により，大津波が発生して紀

伊半島の南端では波高6.6mにも達し，津波は静岡県から九州にまでの海岸を襲い，1,451棟の家屋が津波で流された．

昭和35年（1960年）のチリ地震による津波：4.2節で前述．

昭和39年（1964年）6月16日に発生した新潟地震により最高6mの津波が新潟市に押し寄せた．

昭和58年（1983年）5月26日に発生した日本海中部地震により津波が秋田県・青森県の海岸を襲い，いちばん早い津波は地震発生後12分で海岸に達した．日本海中部地震での死者は104人であったが，津波による死者は100人であった．そして半数の人は地元民ではなく，山間部の小学校から秋田県の海岸に遠足にきていた児童13名が含まれていたことが衝撃を与えた．

平成5年（1993年）7月12日に発生した北海道南西沖地震により，最大打ち上げ高31mの津波が北海道奥尻島に押し寄せ，奥尻島を中心に，北海道と東北地方の北

図4.3 北海道南西沖地震による津波で壊滅した奥尻島青苗地区

図4.4 北海道南西沖地震による津波で壊滅した海岸堤防（防潮堤）

部は大きな被害を受けた．ロシアや韓国の日本海沿岸でも津波が観測された．奥尻島青苗地区では，地震後約4分で高さ11.7mの津波が来襲し，人々は逃げるのがやっとで，津波が家屋を潰した後に火事が発生した．この津波で，死者202人，行方不明28人，負傷者305人の多くの犠牲者を出した（図4.3および4.4参照）．

平成6年（1994年）10月4日に発生した北海道東方沖地震により津波も発生し，北海道と青森県下で大きな被害を受けた．

4.4 津波対策

　岩手県の三陸沿岸の沖合には北米プレートと太平洋プレートのぶつかっている日本海溝があって，ここがプレート間型地震の震源地となることが多く，プレート間型地震の特徴から津波が発生しやすい．しかも，三陸沿岸地域はリアス式海岸となっていて，地理的条件と地形上から大きな津波の襲来する危険性が高く，たびたび津波の被害を被っている．

　東海地方でプレート間型の巨大地震が発生すると，地震による被害よりも津波による被害の方が大きいとされている．静岡県の海岸地方は防潮堤などの津波による高波対策の用意が万全でない場合に大被害を受けるおそれがあり，その経済破綻は全国に影響を及ぼすとされている．

　日本海でのプレート間型地震の震源は北米プレートの下にユーラシア・プレートが沈み込もうとしている日本海東縁変動帯（瑞穂褶曲帯）であり，断層面の傾斜角が約50度で急傾斜であるために垂直変動量が大きく，日本海沿岸の津波は地震規模の割合には津波の規模が大きいという特徴がある．

　海岸保全施設整備事業として，海岸堤防（防潮堤），防潮水門（図4.5参照），湾口防波堤が設けられる．このほかに，津波対策としては5.2節で後述する高潮対策を兼ねて，河口水門（図4.6参照），陸閘（後掲の図5.5参照）などが設けられるが，いちばんよい施策は危険な沿岸低地から高地への移転が望ましい．明治三陸地震の大津波のあとで，三陸地方では一部の集落で移転が行われたが，過去の災害が忘れられたり，生活上の便利さなどから，もとに戻ってしまい，また津波で被害を受けた．

　なお，昭和三陸沖地震の大津波のあとでは岩手県下と宮城県下で98集落，8,000戸が高地へ移転した．北海道南西沖地震で津波で全滅した奥尻島の青苗地区では防潮堤を建設し，6m盛土して町並みが再建された．

　わが国の沿岸地域では，すべて津波の危険があるといっても過言ではない．地震を観測してから沿岸に津波が来襲するまでの時間を利用して，気象庁は津波の有無およびその規模を判定して津波予報を発表する．津波予報は防災関係機関に伝えられて，

図 4.5　東京湾の海岸堤防（防潮堤）と防潮水門

図 4.6　大阪の安治川水門

10.4 節で後述する防災放送施設のほか，ラジオやテレビなどの報道機関を通じて住民や船舶などに伝えられる．なお，南米や北太平洋方面からの超遠距離津波は，ハワイも被害を被ることから，ハワイは日本に対して絶好の情報発信基地であり，日本では対策を準備する時間の余裕がある．

第 5 章　気象災害（風水害）

　気象災害とは台風または集中豪雨による洪水の風水害および雪害・雪崩・凍害などをいう．崖や法面などの崩壊については第 6 章で別途に述べる．

　土地の開発に伴って，降雨の流出増大と流出時間の短縮が生じる．その結果，都市河川の氾濫や内水による市街地の浸水の被害が増大するようになった．風水害は話題となった災害についてのみ述べる．

5.1　ノアの洪水（ノアの方舟_{はこ}）

　人類の草創期には地球上で大洪水がたびたび発生したという．これは地球は小氷河期（8 万年前頃～1 万年前頃）から暖かい間氷期に入ったことから気候変化が起こったという．旧石器時代（先土器時代）の先史時代から新石器時代（日本では縄文時代）になり，BC 6000 年の頃から気温が上昇し，BC 4000～BC 3000 年の地球の平均気温は現在より約 2℃高く，氷河が融解したり，湖水があふれたり，暴風雨で河川が濁流と化したりした．氷河が融けて海面は上昇し，地球全体で海面は現在より約 2 m 高く，日本列島周辺では 5～6 m 高く，それが 1,000 年以上も続いたという．大陸とつながっていた日本列島は，BC 5000 年頃に津軽海峡と対馬海峡が水没して，大陸から離れた．

　この気候変化による気象災害のために，高度に発達した先史時代の人類の文明は壊滅したとの説がある．歴史的常識からみて絶対有り得ないと思われ，理解できない不思議で奇妙な遺構などの存在をオーパーツというが，イギリス南部のソールズバリーにあるストーンヘンジの巨石（図 5.1 参照）の環状列石をはじめ，中米コスタリカの球状石の環状列石などは，壊滅した先史時代の文明の遺跡であるとされている．

　これらの気候変化は過去の事実であるだけではなく，いまだに続いているとされている．大河川の平素の流れはまことに平穏であり，人類に水利という恩恵を与えてくれるが，自然を無視して河川沿いの農地を拡張したり，また木材としての利用や燃料としての目的で森林を乱伐した結果，国土は荒廃し，河川に洪水が発生して氾濫という自然からの報いを人類は受けた．河川の流域に発達した有史以降の世界最古とされ

図 5.1 イギリス南部のソールズバリーのストーンヘンジの巨石の環状列石

るメソポタミア文明は，2度にわたるユーフラテス川の大洪水によって滅びた（図5.2参照）．これが旧約聖書に残っている BC 3500 年頃の天地創造（海面の上昇による陸地の水没）といわれるものと，BC 2800 年頃のノアの洪水（ノアの方舟の伝説）といわれるものである．このほか，アラビア半島の南端で古代に栄えたシバ王国は，大洪水で滅んだ悲劇を物語っているとの伝説や，ギリシアのデューカリオンの洪水の伝説など，世界各地に多くの洪水伝説がある．

図 5.2 メソポタミア文明のドゥラ・ユーロポス（シリア）の遺跡，遠くに見えるのはユーフラテス川

このメソポタミア文明を含めて，エジプト文明，インダス文明，黄河文明の4大古代文明をはじめとして，地中海文明などの古代文明が滅びた原因は，治山を忘れて過度の森林伐採を行ったことから，想像を絶する大洪水が発生して，古代文明は滅亡したとされている．歴史は人類が自然と共存しなければ生きていけないことを教えており，治山と洪水防御は防災の大きな柱とされてきたのである．

現代の例としては，1991年4月にバングラディシュでサイクロンに襲われて約12万人もの死者が出ており，1995年には今世紀最悪といわれる大洪水がフランスのノルマンディーとブルターニュ地方およびドイツのライン川流域ならびにオランダを襲い，アメリカではカリフォルニア州をはじめとして各地で暴風雨に見舞われている．フランスでは1982～1995年の間に洪水被害に対する保険金支払いは，約400億フラン（約7,155億円）にものぼっている．

　また，1998年（平成10年）7月から9月にかけての豪雨により，中国では楊子江（長江）と松花江（黒龍江の支流）が氾濫して，3,656人の死者を出した．人口720万人の大工業都市である武漢市を守るために，付近の農村を洪水の犠牲にしたが，武漢市も7月21日から浸水した．日本列島も同じ雲の帯（梅雨前線）のもとに例年にない大雨となり，栃木県那須町では8月27日朝からの数日間で平均年間雨量の2/3の1,254 mm もの豪雨が降ったほか，福島県などでも記録的な集中豪雨に見舞われた．しかし，日本の被害は中国に比べて格段に小さく，これは森林を大切にした差とされている．前述したように，中国の黄河文明が滅びたのは洪水によるものである．

　わが国は河川周辺の沖積平野では高度な土地利用がなされ，多くの人々の生活が集中している．河川行政は計画高水流量を対象として，洪水の流れを一刻も早く海に流出させる治水方法を採用し，河道の掘削や堤防の築堤による河積断面を増やすなどしている．全国的に近代的土木技術を使い，常習的な水害はなくなるようになった．

　21世紀初頭を目標として，大河川は戦後最大洪水に対応する整備を図り，中小河川は時間雨量50 mm に対応する整備率を図り，浸水面積や死傷者数の減少を目指している．そして長期的には，すべての河川で100～200年に一度発生する洪水に対応できることを目指している．

5.2　日本の風水害

　日本の風水害は台風によるものと梅雨期の集中豪雨によるものとに分かれる．台風は猛烈な暴風雨をともなって来襲し，水害，風害，高潮などの災害をもたらす．台風による被害は台風の強さに関係しているが，防災対策，人口密度，台風の経路，季節などによって異なるものである．

　台風が接近すると，その前面にできる前線によって雨が降るものと，台風の中心付近における激しい上昇気流によって雨が降るものとがあり，これらが重なる場合に大雨となる．とくに山岳地方では平地の2～3倍の雨量となって，崖崩れなどの土砂災害，道路の崩壊，河川の洪水などの災害をもたらす．

　強い台風ほど強い風が吹くが，風による被害は風圧に左右される．風圧 P は次式

で示すように風速 V の 2 乗に比例する（図 5.3 参照）．

$$P = C\frac{1}{2}\rho V^2 A$$

ただし，C：建物の形による風力係数
　　　　ρ：空気密度
　　　　A：風の当たる面積

　台風が接近して風が沖合から陸へ向かって吹くときに風浪が高くなる．この風の吹き寄せと，気圧が低くなることによって海面が上昇することにより，高潮が発生する．

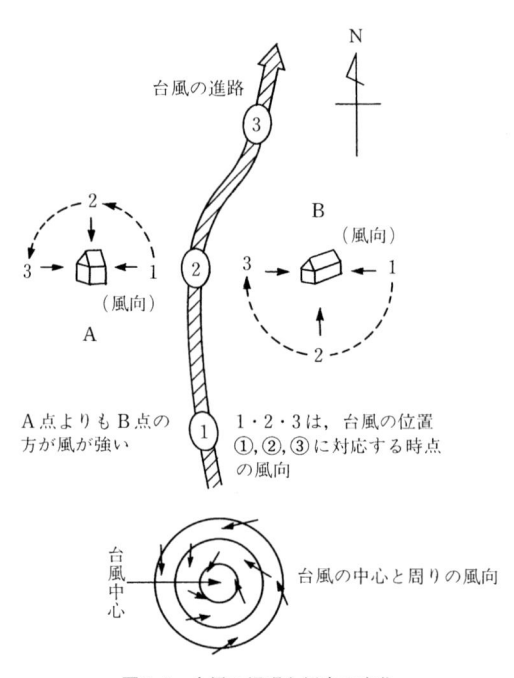

図 5.3　台風の通過と風向の変化

（1）室戸台風（地下水の汲み上げが招いた高潮被害）

　昭和 9 年（1934 年）に発生した最大風速 48 m/s の室戸台風は，四国の室戸岬付近に上陸して淡路島を通り，大阪を襲った．大阪湾の平均潮位は上昇して 3.2 m の高潮が発生し，大阪市街の西半分が冠水して多くの木造家屋が倒壊するという被害を被った．このときに，併せて大阪平野の地盤沈下が問題となった．これは地下水の汲み上げによる地盤沈下により土地が低くなっており，それに伴う防潮堤が築かれていなかったのである．

(2) 阪神地区の水害（無理な都市開発の"つけ"）

神戸市は南北の土地の狭い急傾斜地であることから都市用地に不足していた．生田川や湊川などの都市河川を暗渠化したり付け替えたりして都市用地を生み出した．これは自然に逆らった都市開発であり，水害の多い原因となった．

生田川は古くは六甲山系の布引谷から出た山麓の布引地点で西南に方向を変え，現・フラワーロードを流れて，三宮駅付近を経て現在の神戸税関のあたりに広い洲を形成していた．河川改修の結果，流路を布引地点からまっすぐに南の海に向かって付け替えられ，暗渠化された．旧河川敷は街路として開発された．

六甲山系の地質は風化の進んだ花崗岩で，明治29年（1896年）に風水害による土砂災害があり，昭和11年（1936年）にも風水害を被った．

昭和13年（1938年）7月5日，梅雨前線により神戸市で269 mmの豪雨があり，市街地の約60％が浸水し，六甲山系では多数の山津波が発生した．国有鉄道（現・JR），神有電鉄（現・神戸電鉄），阪急電鉄，阪神電鉄，山陽電鉄の線路が埋没したほか，流失したりした．これを阪神大水害という．

生田川の暗渠の入口は流れてきた流木などでふさがれ，生田川の激流が昔の流路である現・フラワーロードを流れた．神戸の都心である三宮駅付近には濁流が渦巻き，周辺の市街地の被害を大きくした．災害復旧では生田川の暗渠が開渠となり，主要河川が改修されるとともに，六甲山系には約500もの砂防ダムや渓間工（小渓流の小型ダム）のほか，山腹工が施工された．

昭和36年（1961年）9月16日，第2室戸台風（台風18号）が四国室戸岬から淡路島と阪神間を経て日本海に抜けた．淡路島の洲本市で，雨量は164 mm，潮位の最大偏差は190 cm，瞬間最大風速49.4 m/sの風水害と高潮によって道路が浸水するなどの被害を受けた（図5.4参照）．

図5.4　第2室戸台風（台風18号）による淡路島洲本海岸の被害

昭和42年（1967年）7月9日にも台風崩れの低気圧に刺激された梅雨前線が神戸市で319.4 mmの記録的な豪雨をもたらした．山崩れや河川の鉄砲水が氾濫して，大きな災害となった．

（3）戦後の水害続発（治山治水を忘れた"つけ"）

治山の根本は森林にあるが，原始林はともかく，人工林には杉や桧など材木として利用できる樹種が選ばれることが多い．これらは根が浅く，豪雨のときに洗掘されて根の付いたまま流されることがあり，橋脚の間隔が短い橋梁に引っかかる．ダムアップし，上流で破堤を招いて大水害となることがある．そして，第2次世界大戦中には治山も治水も怠り，その報いが戦後にきた．

昭和20年（1945年）9月，枕崎台風が九州地方から中国地方を直撃し，広島県の太田川を中心として大水害が発生した．このほか，阿久根台風が襲来し，枕崎台風とともに米作地帯に大きな被害を与えて，食糧難を招いた．

昭和22年（1947年）9月にキャサリン台風が関東地方から東北地方を襲った．利根川と北上川を中心として大洪水となり，利根川は右岸が破堤して埼玉県の平野部から東京都の東部低地にかけての広大な地域に氾濫した．

昭和25年（1950年）9月，ジェーン台風が淡路島から神戸市を経て兵庫県と大阪府と京都府を通過して若狭湾に抜けた．淡路島の洲本市では最大風速31 m/sを記録するとともに，大阪湾に高潮が発生し，大阪市では海岸堤防を越えて大阪市の低地の工場地帯を水没させた．これが高潮対策として防潮堤や陸閘を設けるきっかけとなった（図5.5参照）．

昭和28年（1953年）6月，九州地方を中心とする西日本に集中豪雨が襲った．筑後川，遠賀川，矢部川，白川，菊池川などが氾濫し，門司市(現在の北九州市門司区)，久留米市，熊本市などの都市も大きな被害を被った．これを西日本水害という．続い

図5.5　大阪における高潮対策の陸閘門

て同年7月,紀伊半島に集中豪雨があり,紀ノ川,有田川を中心とする和歌山県地方に水害が発生した．9月には台風13号が福井県の九頭竜川流域をはじめとして,東海地方にも災害をもたらした．

この後は戦後の混乱期を過ぎて治水事業も進み,治山と砂防が進んで禿山はなくなり,台風や梅雨前線による大雨でも大きな水害はなく,局所的な被害に限定されるようになった．特異な災害として,昭和29年（1954年）に発生した洞爺丸台風は,人々をして気象情報の大切さを痛感せしめた．局所的水害の例として,昭和32年（1957年）の諫早水害と,昭和33年（1958年）の狩野川水害とがある．

（4）淀川破堤寸前・大阪水没の危機（遊水池を潰した"つけ"）

古代において,淀川水系は京都府大山崎町山崎地先の狭搾部で堰止められて,京都盆地の南部の一部は湖沼となり,支流の木津川や宇治川や桂川や鴨川の流れ込む遊水池となっていた．この遊水池から淀川が流れ出ていた．

この遊水池である湖沼は上流の吐き出す土砂でだんだんと浅くなり,巨椋池とよばれた．巨椋池は流入する河川と分離されて干拓されるようになり,昭和16年（1941年）に完成し,遊水池はなくなった．（図5.6参照）．

淀川は安定した河川ではなく,記録に残っているだけでも623年から現在までに220回もの水害が発生している．明治時代に3回,大正時代に1回破堤したが,昭和時代になってからは1回もなかった．明治39年（1906年）に放水路である新淀川が完成したこともあり,住民には水害に対する油断が生じるようになった．そこへ,昭

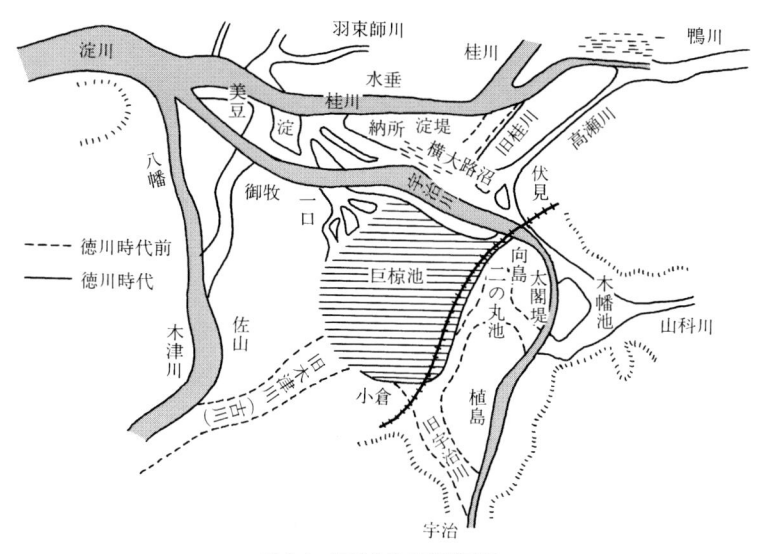

図5.6 淀川合流点変遷図47)

和 28 年（1953 年）9 月に台風 13 号が近畿地方を襲った．

　淀川中流の枚方市で水位が過去に経験のない 6.97 m にも達し，大阪市が水没する危機が迫った．ところが宇治川の堤防が決壊して旧巨椋池へ流れ込んで遊水池の機能を果たし，大阪市は水没の被害を免れたが，干拓地は水没した．

　ここで，遊水池であった巨椋池を干拓したために，その分だけ淀川の計画高水流量を増やさなければならなくなった．淀川の計画高水流量は，

　　明治時代〜大正時代 5,560 m³/s
　　昭和 14 年（1939 年）6,950 m³/s
　　昭和 29 年（1954 年）8,650 m³/s
　　昭和 46 年（1971 年）17,000 m³/s

と増えている．水源地の貯水能力の低下と，遊水池などの河川の遊びがなくなったことが原因で，河川流域は変わらず，気象条件も変わらないのに，計画高水流量を増やさなければならなくなった．上流では巨椋池に代わる人工のダム湖を造り，下流では淀川大堰をつくった（図 5.7 参照）．

図 5.7　淀川大堰

（5）伊勢湾台風（災害対策基本法の制定の"きっかけ"）

　昭和 34 年（1959 年）9 月 26 日 18 時，伊勢湾台風は紀伊半島に上陸し，名古屋市西方を通って濃尾平野を横断した．最大風速 45 m/s，伊勢湾平均潮位で 3.9 m の高潮が発生し，水害史上最大の人的被害を被った．

　名古屋市南部から三重県桑名市にかけての海抜ゼロメーター地帯（大潮時の平均満潮位より低い陸地）は 18,000 ha の広さがあり，堤防，運河，閘門，排水場などの防潮施設が設けられていたが，計画高が低く，地下水の汲み上げで地盤沈下していた．加えて貯木場から高潮に乗って流出した原木が市街地に流入して木造家屋を次々と破壊した．

この伊勢湾台風がきっかけとなって，昭和36年（1961年）に「災害対策基本法」が制定された．このとき，災害とは風水害・地震などの自然災害と大規模な火事・爆発のような人工災害が併せて定義された．「災害対策基本法」の主旨は災害を未然に防ぎ，もし発生した場合には被害の拡大を防ぎ，復旧を図るとあるが，実際には災害の後始末に利用されている．

（6）東京多摩川堤防決壊（人工災害の見本）

多摩川の下流に東京都狛江市と神奈川県川崎市にまたがって二ケ領宿河原堰があり，その付け根に内堤防が築かれていた．この堰は農業団体で構成されている"稲毛川崎二ケ領普通水利組合"が，河川管理者であった神奈川県から許可を得て河川工作物として昭和24年（1949年）に完成したものである．多摩川の河川改修は河川管理者である東京都と神奈川県により昭和9年（1934年）に完成したが，昭和40年の河川法の改正で建設省（現：国土交通省）の直轄管理となった．そして"稲毛川崎二ケ領普通水利組合"はその後に解散し，河川管理者も替わったこともあり，二ケ領宿河原堰の完工したときの書類や図面も紛失した．

昭和49年9月1日に降り続いた降雨により計画高水流量を超える $4,330\,\mathrm{m^3/s}$ という高水が多摩川を流れた．図5.8に示すように，①堰を越えて落ちる水が滝のような勢いを得て，②左へ回り込んで流れ，③堰の付け根にあった内堤防はそれに抗する構造とはなっていなかったことから下流部が破壊し，④ついで上流部も破壊し，⑤両方から入り込んだ濁流が，⑥本堤防に鉄砲水のように襲いかかって本堤防は決壊した．決壊により19戸29世帯の家屋が流失・倒壊する被害を受け，1.3節で前述した河川管理者の瑕疵責任とされた．

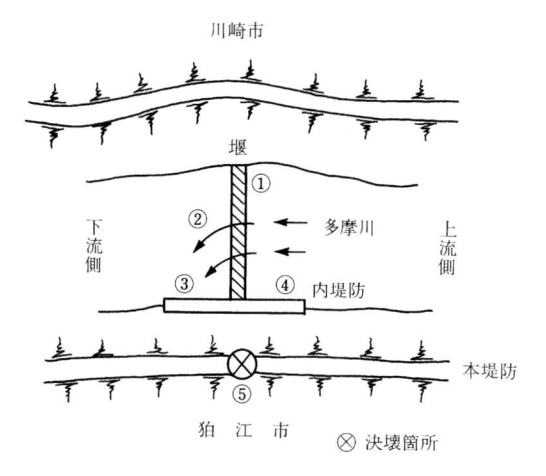

図5.8　多摩川の二ケ領宿河原堰による決壊

この多摩川決壊は単に流量が多かっただけではない．河川工学上の命題とされる"水の5原則"の一つである"障害に遭い，激しくその勢力を百倍し得るは水なり"を実地に証明したものとされている．

(7) 長崎豪雨水害 (無理な都市開発の"つけ")

長崎市では人口が急増し，宅地は山の斜面を這い上がるような形で広がった．「砂防法」「急傾斜地の崩壊による災害防止の法律」「宅地造成規制法」「都市計画法の開発規制条項」「建築基準法の安全条項」は十分に活用されなかった．

昭和57年 (1982年) 7月23日の夕方から雷を伴う豪雨が始まり，時間雨量は100 mmを超え，場所によっては187 mmを記録し，3時間も降り続いて総雨量は500 mmにも達した．中島川や浦上川や八郎川などの諸河川が氾濫し，各所で土石流や土砂崩壊が多発した．江戸時代の歴史的土木遺産である中島川に架かる石造アーチ橋の眼鏡橋も損傷した．道路の決壊（図5.9参照）で，鉄道，路面電車，バスの運行は途絶し，上水道，ガス，電力，電話などの生活関連施設（ライフライン）の機能は停止した．

図5.9 長崎豪雨水害によって崩れた道路 (建設省 (現：国土交通省) 提供)

(8) 鹿児島豪雨水害 (斜面崩壊の典型)

平成5年 (1993年) 7月31日から8月1日にかけて，鹿児島県国分市周辺で集中豪雨があり，河川が氾濫し，斜面崩壊が起き，交通機能が麻痺した．8月6日には鹿児島市周辺で集中豪雨があり，市内の河川が氾濫し，斜面崩壊が起き，家屋は浸水の被害を受け，道路や鉄道が寸断された．江戸時代の歴史的土木遺産である甲突川に架かる石造アーチ橋5橋のうち武之橋と新上橋の2橋が流失した（図5.10参照）．8月9日には台風7号が襲来し，9月3日には戦後最大の台風とされる台風13号が鹿児島県内を縦断して斜面崩壊で多くの犠牲者を出し，鹿児島市内の河川がまた氾濫した．

この鹿児島豪雨水害の特徴は，鹿児島で7月に月雨量1,054.5 mm，年間雨量4,022

図 5.10　流出した新上橋（鹿児島県提供）

図 5.11　鹿児島市内の被害（鹿児島県提供）

mm という観測史上最大の降雨を記録したこともあるが，崩壊しやすい火山灰のシラス土壌が多いために，約 6,500 箇所で斜面崩壊が発生したことである．加えて，甲突川の上流地域で団地開発により山地の保水能力が落ちて，降雨がそのまま流出し，大災害をもたらした（図 5.11 参照）．

社会基盤，とくに鉄道と道路の被害が大きく，河川改修の必要から江戸時代の歴史的土木遺産である石造アーチ橋の残りも全部撤去された．

（9）東海豪雨（治水の概念を変える"きっかけ"）

平成 12 年（2000 年）9 月 11 日未明から 12 日まで，東海 4 県の岐阜，愛知，三重，静岡で集中豪雨が発生し，最大時には，約 18 万所帯，約 40 万人に避難勧告や避難指示が出された．名古屋市など 9 市 12 町に災害救助法が適用された．愛知県内が最も被害が大きく，堤防は 10 箇所で決壊し，河川は 51 箇所で氾濫した（図 5.12 参照）．

名古屋市天白区野並地区では，約 1,300 所帯が床上または床下浸水した．野並地区

図5.12 東海豪雨による名古屋市内の災害(国土交通省提供)

は,天白川の河床の高さが市街地より高く,しかも,同地区は四方を河川に囲まれて摺鉢状の地形であった.都市計画の推進で溜め池が半減して貯水能力が半減していたので,市街地にあふれた水を天白川に排水するポンプ場が設けられていた.平成3年(1991年)9月に水害があったときに,このポンプ場が浸水して故障した.それで,名古屋市では平成11年(1999年)5月に5基のポンプを備えたポンプ場を天白川沿いに新設したが,設置位置と設計を間違えたために,平成12年(2000年)の東海豪雨でも浸水して故障し,約8時間も運転できなかった.

この影響で,名古屋市などの都市機能は一時麻痺した.そして,東海豪雨は治水の概念を変える"きっかけ"となった.

(10) 平成14年台風21号(戦後最大級の台風)

戦後最大級とされる平成14年台風21号が10月2日に東日本を襲った.茨城県潮来市郊外では東京電力の送電線鉄塔が9本も倒れた.この鉄塔は風速60mでも耐えられるはずであったが,アメのように折れ曲がった.24時間で400mmを超える雨量の地域があり,農作物の被害も300億円にも上った.交通機関にも影響し,水びたしとなった家屋もあったにもかかわらず,死者は4人で,特筆すべきこととされる.

平成14年台風21号の上陸地点および経路は,昭和22年9月15日のキャサリン台風と同じである.キャサリン台風については大岡昇平の名作「武蔵野夫人」にも登場する.ヒロイン道子と戦争から復員した青年の勉とが村山貯水池畔のホテルに,台風の嵐で閉じ込められるという筋書きである.キャサリン台風は東京の下町の半分を水びたしとし,死者約2,000人であった.戦後には"一吹き千人"といわれるほど人的被害が大きかった.伊勢湾台風では死者約5,000人である.しかし,現在では,台風が来るぞと聞いても,多くの人々は鼻の先で笑っている.ここまでなるのには,気象

予報の進歩，治山治水のほかに，住民避難などの防災対策の成果があることを忘れてはならない．

(11) 平成16年の異常気象と台風（平成16年は台風の"当たり年"）

平成16年7月，日本海から新潟県・福島県地方に停滞した梅雨前線に，西日本から東日本を覆った太平洋高気圧の縁を周り込むように暖かく湿った空気が流れ込み，前線が活発化して，新潟県中越地方を中心とした地域に大雨を降らした．新潟県の長岡地域と三条地域では，7月12日の夜から13日の夕方にかけて激しい雨が降って，13日の日雨量は栃尾市で421 mmという記録的な大雨となった．信濃川下流域の流域平均の2日間雨量は約270 mmで，150年に1回程度の確率の大雨であった（図5.13参照）．

図5.13 新潟県・福島県豪雨による刈谷田川破堤による中之島町浸水状況（国土交通省提供）

なお，平成16年は異常気象だけではなく台風の当たり年で，10個もの台風が日本列島に上陸し，過去最多記録を更新した．台風は各地に被害をもたらしたが，風よりも降雨による被害が多かった．

10月20日午後に高知県土佐清水市に上陸した平成16年の台風23号は，観測史上3番目に遅い台風の日本列島上陸で，しかも，強風域が半径800 km以上という超大型であった．最大瞬間風速59.0 mを観測した高知県室戸市では，室戸岬町のコンクリート製海岸堤防が巨大な高波で崩壊し，その後方にあった市営の木造住宅が被害を受けて，住人の3人が死亡した．

その夕方には大阪府泉佐野市に再上陸し，近畿地方に大雨を降らした．兵庫県北部の但馬地方は激しい大雨となって，円山川は洪水となり，8.6 mの高さのある堤防は

深夜23時過ぎに決壊して，豊岡市の市街地の80％は水没した．

　豊岡市では18時05分に避難勧告を出し，19時には円山川の堤防の7.5mの高さまで高水位が上昇したために，豊岡市では19時13分避難指示を出した．これらは防災無線によって放送された．しかし，人口42,000人中，避難した人はわずか3,753人に過ぎなかった．避難所は35箇所に設けられた．そして，23時過ぎに円山川の堤防は決壊した．なお，豊岡市の避難勧告・避難指示に対して，人々は堤防が決壊するとは思わなかったので避難しなかったことから被害を大きくした．避難勧告が解けたのは10月31日で，避難所が閉鎖されたのは12月23日であった．

　京都府北部では，時間雨量30mmを超える豪雨で由良川があふれ，19時頃，舞鶴市内各地で通行止めが行われたが，由良川沿いの国道175号では，まだ通行止めは行われていなかった．その頃，舞鶴市内を走行中の1台の大型観光バスがあり，20時頃由良川の大川橋を渡ったが，175号はまだ通行止めではなかった．ところが20時を過ぎて，舞鶴市内の175号では，先頭の車が道をあふれる水で走れなくなって，渋滞が始まった．21時頃には，渋滞で45台の車が立ち往生した．由良川の大野ダムはゲートを閉めて洪水調節を行ったが，大野ダムの上流域は由良川水域のわずか20％にしか過ぎなかった．

　やがて大型観光バスの車内にも水が入ってきて，運転手・乗客37人は屋根に登ったが，屋根上でも夜中の2時頃には腰まで水が来たという．なお，バスの後にいたトラックが流され始めた．夜が明けて，他の車の人を入れて67人が21日早朝6時頃（10時間を超えていた）に海上自衛隊のヘリコプターにより救出された．バスの後にいたトラックの運転手は生死不明である．台風23号は日本列島を縦断して，三陸沖に抜けて温帯性低気圧となった．

　人的被害としては，死者67人，行方不明者21人，計88人，負傷者273人にも達し，住宅の被害は，全壊37棟，半壊62棟，一部破損1,088棟，床上浸水8,201棟，床下浸水16,581棟にも達した．

　東京都大手町にある東京管区気象台の観測を例にとると，10月の降水量は，平年の平均値は163.1mmで，過去の月間最多降水量542.3mmであるが，台風22号の通過した10月9日の時点でも平年平均値の3倍に達し，秋の長雨の様相を見せ，台風23号の通過した10月20日には22時までに156.0mmの降水量を観測した．そして，10月の月間降水量は1年の半分以上の780.0mmを記録し，月間最多降水量記録を更新した．なお，横浜などの各地でも観測史上第1位であった箇所が多数を占めている．

5.3 治水の理念

1.3節で述べたように，民法717条は工作物の管理瑕疵責任を規定し，国家賠償法によって補償されるが，道路や港湾などの人工的工作物と異なって，河川管理施設には自然工作物が多く，同じようには論じることはできない．自然現象を媒介する水害に対しては水害をなくすることは不可能であり，治水事業には限界がある．治水の理念としては，

1）「森林法」に基づく治山事業により，水源地である森林を保護し育成することによって，山地の崩壊および土砂の流出を防止するほか，自然の草地や凹地などをできるだけ残し，雨水の貯溜と地下への浸透を図ることにより，流出量を最小限にする．
2）「砂防法」に基づく砂防事業により土砂の流出および土石流を防止する．
3）ダムを建設して人工的に高水流量を調節カットするとともに，河道を無駄に流れる水を河川総合開発として利水目的で有効利用を図る．なお，理想としては河道にとって代わり得るほどの大規模なダムであることが望ましい．アメリカのダムには洪水の全量を貯溜するものが多い．
4）「河川法」に基づいて堤防を主とする河川管理施設により洪水を防御する．この際に都市部の堤防はスーパー堤防として強固な堤防とするとともに，堤内地の土地利用との一体化を図る．なお，スーパー堤防の民有地等は河川保全区域となって土地利用が制限される（図5.14参照）．

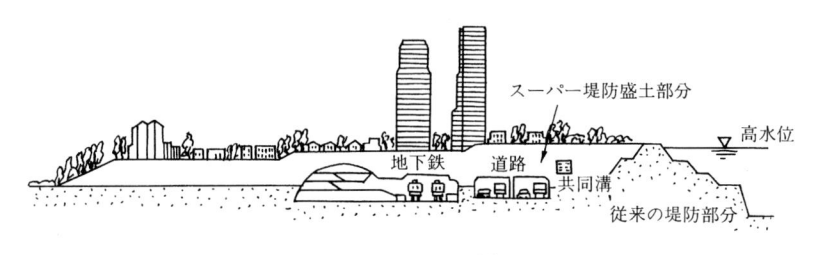

図5.14 スーパー堤防

5）河道周辺の低湿地で洪水氾濫の危険度の高い区域，つまり氾濫原については，水田や畑の雨水保持機能を利用して自然の遊水池として用い，市街化調整区域とするなど開発行為の禁止・制限など土地利用規制で緑地を保全する．被害防御の立場から建築制限を行い，盛土規制を行うとともに，構造規制として建築物の耐洪水構造化を図る．
6）内水氾濫常襲地も遊水池としての利用を図る．市街化調整区域として水田や畑と

して残すか，市街化区域内ならは浸水を許容できる生産緑地とするほか，広場や公園緑地や運動場や駐車場などとしての土地利用を図る．

7）風水害は発生しても待避する時間的余裕があることが多いので，災害としては最小限に止めることができる．近年は技術の発達から降雨量と高水流量の予測が正確にできるようになり，ハザード・シュミレータによる洪水予報システムを完備し，「気象業務法」に基づく降水量予測から河川水位を予測して，水防活動に資するほか，洪水による氾濫の危険区域などをテレビなどの報道機関や市町村の防災無線を用いて住民に知らせて避難活動を行うようにする．十分な対策が講じられ，市民は避難誘導されて，家屋の被害の割には死傷者は少なくなっている（図5.15参照）．

図5.15 ハザード・シミュレータの概念図

8）住民意識の防災意識の高揚を図り，建築物の浸水被害は個人の責任であり，損害保険の対象として水害保険を被害防御の手段として浸透を図る．
9）歩道や駐車場や構内の舗装については透水性舗装とし，道路の側溝は透水性側溝として河川への流出を減らすようにする．
10）河川空間は平常時はまことに平穏であり，しかも周辺に緑と水辺と新鮮な空気を届ける環境空間でもある．これを利用して，①河川敷に緊急用道路を設けて地震などの災害時の避難道路などとして用いる．倒壊家屋などの通行を妨げる障害物の心配はない．②防災基地を設けて防災拠点とし，緊急時の避難所などとするほか，平常時には河川敷を利用するスポーツなどの文化活動拠点としても利用する．③堤内地に余裕ある場合には高盛土して破堤を防ぐとともに盛土を緊急復旧用土砂として

用いる.

5.4 水　　防

(1) 水防組織

　江戸時代においては水防組織は集落単位または村単位の5人組などを基礎にして構成されていた．この江戸時代の地縁的結びつきを基として，明治時代となって，明治13年（1880年）に水利土功会が民間組織としてできた．明治23年（1890年）に水利組合条例が制定され，水利組合と水害予防組合が設けられるようになり，水防組織も法的に確立されるようになった．

　この民間組織である水害予防組合のほかに，明治27年（1894年）に消防組規則が制定されて，国家行政組織として水火災警戒防御を目的とした消防組（市町村が経費を負担）が設けられるようになった．このように，水防組織としては民間と行政の二つの系統が整備されたが，明治29年（1896年）に「河川法」が制定されて，水害予防組合や消防組が成立していない場合に，水防は市町村に義務づけられるようになった．

　昭和24年（1949年）に「水防法」が制定され，さらに昭和36年（1961年）に「災害対策基本法」が制定された．現在の水防管理団体のほとんどは市町村となっており，市町村の責任で水防演習が行われている．

(2) 水防工法

　水防工法は江戸時代から用いられている代表的工法に下記のようなものがあるが，これらの工法は現代もほとんど変わっていない．ただ，水防材料が変わっていることがある．むしろがシートに代わり，藁がビニール類に代わり，縄が鉄線に代わり，竹が鉄パイプに代わり，土俵が土嚢に代わるなどしている．これらの材料は水防倉庫に平常時から保管されている．

【洗掘透水防止】

1) 堤防の表法面にむしろや畳を張る"張り"工法.
2) 堤防の表法面に小枝や葉のついた樹木や竹に，重しの土俵を付けて流し，急流部の流れを緩和して堤防洗掘を防止する"木流し""竹流し"工法.
3) 大きな石や石俵を投げ入れる"捨石"工法.
4) 牛枠や川倉などの合掌木を投げ入れる"枠入れ"工法.

【越水防止】

5) 堤防天端に土俵を積み杭差しする"土俵積み"工法（図5.16参照）.
6) 堤防天端に蛇篭を積み杭差しする"蛇篭積み"工法.

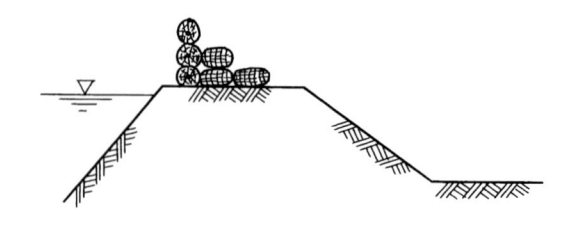

図 5.16　土俵積み工法

【漏水防止】
7） 堤防の裏法面の漏水を裏法部に半月状に積んだ土俵内に導いて浸透水の圧力を弱める"月の輪"工法．
8） 堤防の裏法面の漏水を裏法先平地の円形状の土俵内に導く"釜段"工法．
9） 堤防の表法面の漏水口に土俵を詰める"詰め土俵"工法．

【亀裂拡大防止】
10） 亀裂を挟んで竹を刺し折り曲げて連結する"折り返し"工法．
11） 亀裂を挟んで杭を打ち鉄線でつなぐ"杭打ちつなぎ"工法．

【裏法崩壊防止】
12） 法面の亀裂を竹で縫う"五徳縫い"工法．
13） 裏法先付近に杭を打ち込む"力杭打ち"工法．
14） 杭を打って柵をつくり中詰め土俵を入れる"築き回し"工法．

5.5　市民の風水害に対する知恵

　風水害に対する備えは国や地方自治体に任せているだけではなく，局所的な水害に対しては企業や個人もそれ相応の対策をする必要がある．

（1）雨水貯溜槽

　都市の建築物の屋根や敷地に降った雨は，敷地内の排水管を通って公共の雨水排水溝に流入する．これでは都市での降雨の大部分が河川へ流出し，河川の流量を増加させる原因となる．この対策として雨水排水溝へ合流する前に雨水貯溜槽を設けて，浸透地下トレンチとして，底は地下に浸透するように穴を開けるとともに，中水道の貯水槽としての利用を図るとよい（図 5.17 参照）．

（2）地盤の地上げ

　浸水災害は，低い凹地や堰上げの生じる特別な場合を除いて，水深は 1～2 m ぐらいのことが多い．それで古くからある平野のまん中の集落は自然堤防の微高地の上に

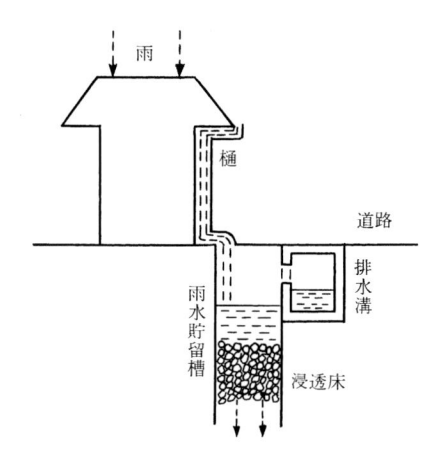

図 5.17　雨水貯留槽の例

あることが多く，洪水の被害を避けて周囲の水田からの高さは 2 m ぐらいのことが多い．なお，古代の道造りにおいて，洪水の被害を避けるために自然堤防の微高地を選んでルートが選ばれることが多かった．ルートが直線ではなく，くねくねと曲がっていることがあるのはこの理由による．

　古人の知恵をまねて洪水対策として敷地の地盤を 1 m ぐらい高くするとよい．このぐらいだと周囲の街並との違和感はない．そして，家屋の土台の高さは通常より 30～50 cm 高くしておくとさらによい．これは家屋の通風をよくしてシロアリなどの害虫の発生を防ぐだけではなく，床下に配管する水道管やガス管などの補修のときに人がかがんで楽に入れるので作業がしやすいという利点もある．なお，高床式や 1 階が柱だけのピロティ構造とし，車庫など用いることがあるが，地震に弱い欠点があるので，耐震性に配慮する必要がある．

（3）家屋防護施設

　家屋の周囲を樹木を植えて防風林とするとよい．この防風林は氾濫した洪水が押し寄せてきても氾濫水の強い水勢を弱める効果があり，9.4 節で後述する防災機能もある．塀や土手で取り囲む工法は日常生活に不便を生じる．

（4）洪水時の緊急対策

　氾濫した水が押し寄せてくると予想されたとき，商店街などでは，店の入口の底に手拭や雑巾や余りぎれや不用の衣類などを敷き詰め，その上にシャッターを降ろし，残った隙間には新聞紙をはじめとする紙類を挟むとよい．住宅街でも，玄関や裏戸や床板に，同じようにこれらの物を用いるとよい．軒下まで浸かるような大洪水でもない限り，店内や住宅内への浸水はゆっくりで，外の汚濁水が濾過され，しかも店内や

住宅内の水位は外の水位より低く，商品の被害は少なく，水の引いた後の生活はすぐに日常に戻る．

（5）洪水時の避難

平野で洪水が氾濫する速度は人の歩く程度の約 5 km/h であり，洪水の到達する時間を知る目安となる．なお，避難するときに濁水の中を歩くのは見た目より困難を伴い，風雨は強く水面に漂流物があり，水中に隠れている地面がどうなっているかもわからない．とくに夜間は歩行が困難で，流速があると危険を伴う．水深が 30 cm 以上になると大人でも危険がある（図 5.18 参照）．

図 5.18 平成 5 年鹿児島水害における夜間の浸水からの避難（鹿児島県提供）

5.6 冬期気象災害

（1）雪害

冬期には北海道から山陰に至る日本海側は降雪が続く．北陸地方は豪雪地帯となり，都市でも 1 m 以上の積雪のある豪雪は平均して 5 年に 1 度の割合に発生し，2 m 以上の豪雪は平均して 20 年に 1 度発生する．昭和 38 年（1963 年）に北陸地方に豪雪があり，人の死傷のほかに，建築物の全半壊の直接的被害と，交通途絶や通信機能麻痺による産業経済活動および日常生活の混乱という間接的被害が発生した（図 5.19 参照）．これを契機として，昭和 39 年（1964 年）に「豪雪地帯対策特別措置法」が制定された．なお，昭和 56 年（1981 年），平成 7 年（1995 年）にも豪雪による被害が発生した．

従来から積雪地帯の建築物は費用を要しても重い雪の荷重を支えるために太い柱を用いるほか，歩道の通路として雁木を設けたり，つぎに述べる雪崩・吹き溜まり・凍

図 5.19 豪雪による交通の途絶

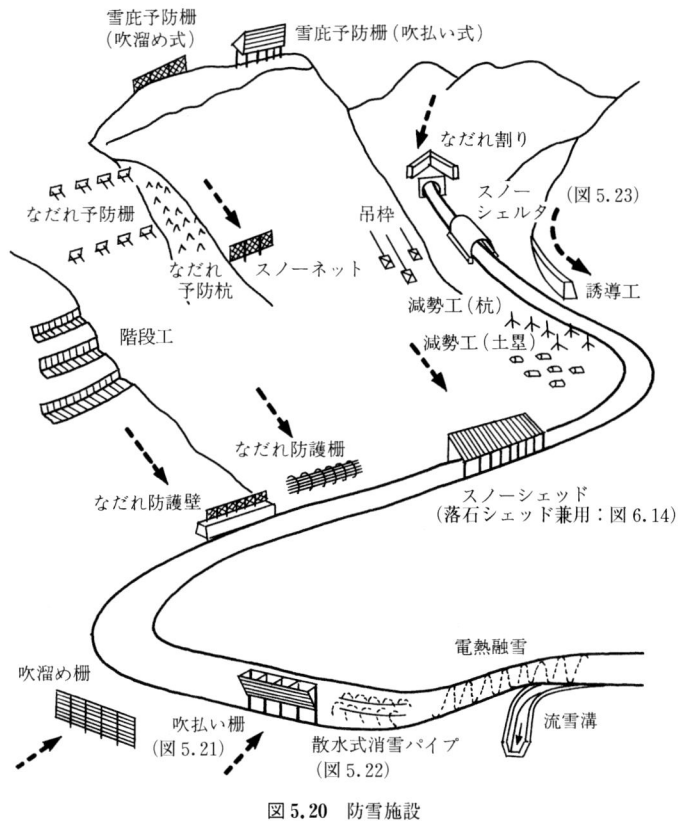

図 5.20 防雪施設

害の対策として防雪施設が設けられる（図5.20参照）．

なお，これらの施設は山岳部の自然景観の美しい箇所に設置されることから，景観的配慮が必要である．また，スノーシェッドは落石シェッドと兼用するなどの配慮も必要である．

（2）雪崩

雪崩とは積もっている雪の一部または全部が傾斜のある山の法面をすべり落ちてくる現象をいい，大きな被害をもたらす．雪崩の起きる山の法面の傾斜は30度以上とされているが，まれにこれより傾斜の緩やかな場所でも発生する．雪崩には二種類あって，湿雪全層雪崩と，乾雪表層雪崩がある．

湿雪全層雪崩は，春先に暖かくなったときに発生するもので，気温が平年よりも著しく高いとか，降雨のあったような場合に発生しやすい．その発生する場所は毎年のようにほぼ決まっており，速度も15〜25km/hと遅く，その到達範囲も経験的に把握されている．なお，山の法面の傾斜が24度以下の場所では，湿雪全層雪崩は発生しないとされている．

乾雪表層雪崩は，初冬期や厳冬期に積雪の上に新しく大量の降雪があった場合などに降雪中または新雪直後に発生するもので，速度は150〜250km/hと新幹線なみに速いことから破壊力が大きく，しかも発生場所や到達範囲が把握されていない場合がある．新雪の積雪深が1.5mを超えた場合には，山の法面の傾斜が25度以上の場所で発生しやすい．なお，山の法面の傾斜が18度以下の場所では乾雪表層雪崩は発生しないとされている．

雪崩対策として，住宅は，湿雪全層雪崩の発生するような場所を避け，乾雪表層雪崩は経験則から最大到達距離を予測できることから，その危険度を住民に周知させるとともに，雪崩危険地域の土地利用に制限を加えて安全を図る．道路や鉄道などにはスノーシェッド，階段工，予防柵，吊枠，予防杭，スノーネット，トンネルなどの防雪施設の防災工事がなされる．

（3）吹きだまり

降雪中に風があったり，降雪後でも温度が低く風があれば，吹雪や地吹雪などの現象で雪が風に流されて飛んでいく．地面に凹凸があったり，風に乱れが生じて風速が減少するような場所があると，そこに雪が沈下して吹溜まりができる．吹きだまりの成長速度は積雪によるものよりも速いことから，不均整な積雪部は増大していく．この吹溜まりを防止したり制御する目的で防雪柵（図5.21参照）や防雪林が設けられるが，設置方法として，風上側の適当な距離に柵を設けて風の中の雪を風上側で沈下させてしまう方法と，逆に吹いてくる風は勢いを増加させて風の中の雪を吹き払ってしまう方法とがある．

図5.21 防雪柵（吹払い柵）（月山道路）

図5.22 散水式消雪パイプ

図5.23 スノーシェッド（落石シェッド兼用の場合もある）

(4) 凍害

気温が異常に低下すると，雪が凍結するなどして凍害が発生する．対策として，道路では除雪が行われるが，消雪パイプなどの施設を充実して散水式消雪・電熱融雪を行い，冬期の交通確保が行われる（図5.22参照）．なお，消雪パイプの水源は地下水であって，その汲み上げによって6.5節で後述する地盤沈下の被害をきたすことから，水源の確保が課題となっている．

なお，凍害を防ぐ目的と，前述した吹溜まりを避ける目的で，山間部ではスノーシェルタを設ける（図5.23参照）．

5.7 落雷対策

わが国の梅雨の時期には落雷の被害が多い．ただし，一定以上の建物をはじめとして，送電鉄塔や電柱などは避雷針を設置することが義務づけられており，人に直接被害を及ぼすことはない．普通の住宅は周囲にある電柱より低いことから，落雷の被害の心配はない．ただし，集中冷暖房などで，3相交流220Vの動力を入れている家屋では，遠くの落雷でも過電流が流れることがあるので，15～30分前に前駆現象が発生したり，ゴロゴロと鳴り始めたら，メインスイッチを切っておくとよい．ブレーカーが飛んで安全性は確保されるが，念のために切っておくとよい．

人が被害を被るのは山や野原において落雷に遭遇して生命を落とすのである．雷は最も高い樹木に落雷するものであり，樹木に落雷すれば，その樹木の周囲の近辺にいる人体に感電し，人はほとんど死亡する．樹木の地面から約1mのところに木の皮を刃物で鋭くはぎ取ったような跡が残るが，この地点から人体に雷の超高圧電流が流れると思われる．対策として，樹木から自分の身長以上，できれば4m以上は離れ，立っていては危険で，身を伏せること．降雨により衣類は濡れるが，止むを得ない．

屋外の山や野原において，降雨が激しくなり，ゴロゴロと鳴り始めて落雷の危険を感じたら，高い樹木の近辺を絶対に避けること．持っている傘には金属の部分があるので，落雷の危険があることから，これを遠くに放り投げること．ゴルフ場では，ゴルフクラブなどの金属類は遠くに投げること．身に付けている金属類も遠くに放り投げること．人間の身体の約70%は水分であり，樹木よりも通電性が高い．また，海水浴場ではゴロゴロと鳴り始めたら，すぐに陸地に上がって小屋に逃げ込むこと．

落雷事故として，平成9年（1997年），ゴルフ場で3人が死亡し，2人が怪我した事故があり，平成17年（2005年），山で母と娘が死亡した事故のほか，海水浴場で9人が死傷した事故が起きた．

第6章 防災地質

6.1 地殻の構成と地質

　地殻の厚さ30〜40 kmのうち，主要部分である地表に近い約20 kmは花崗岩質であり，残りの下部は玄武岩質である．活断層地震は花崗岩質の中で発生することが多い（前掲の図2.2参照）．

　花崗岩質の上の地表近くには堆積岩が存在する．堆積岩とは，花崗岩質や火山噴火物などが風化して砂や粘土などとなり，雨水によって流されて海や湖沼の底に堆積してできたもので，数kmもの厚さになることもある．長い年月の間に凝結して岩石となり，地殻の変動によって持ち上がって，砂岩や頁岩などとして地表の地層を形成している．この堆積岩は何層にも重なっていて，深い箇所に埋まっていたものは圧力や熱の作用で変質したり固くなったりしている．つまり古い沖積層は堅固で支持力も結構ある．

　逆に，時代の新しいものほど軟らかい．同じ沖積層でも数千年前の縄文時代とか有史以降の沖積層は，堆積が新しくて軟らかいことから支持力は低い．いわんや中世・近世になってからの沖積層をはじめ，湖沼・海岸の埋立地に至っては，支持力のない軟弱地盤である．このように地表近くでは花崗岩質の岩石の上にいろいろな地層が入り交じっていて，複雑な地質構造を示している．

　地盤の構成は状態は20〜30 mもボーリング調査すればわかる．また地盤の中を伝わるS波（横波）の速度を測定すれば地盤の良否もわかる．遅いほど悪い．地表面に厚い木板をしっかりと固定して，これを横から掛け矢で叩いて人工的に弱いS波を発生させて，近くに地震計を置いて記録するとS波の伝播速度がわかる．ボーリングして，その中に地震計を置いて記録すれば，地層の深い箇所のS波を測定することもできる．

6.2 道路崩落事故

(1) 落石注意

長野県下の長野と松本間の国道19号は犀川に沿って山の中をくねくねと走る道路で、山の地質も悪く崩落しやすい．山腹からの落石が通行中の車を直撃して、車が犀川の中に押し流されて死者の出ることも時々あった（図6.1参照）．そして、昭和30年代の終わり頃に「落石注意」という道路標識が国道19号の沿道に多数設けられた．落石とは、落ちている石なのか？ 落ちてくる石なのか？ の議論が出た．落ちてくる石に注意することは不可能である．

図6.1 道路上の落石

昭和38年（1963年）6月13日に、高知県の国道56号での落石事故で、それまでの判例をひっくり返して道路管理者の責任とする最高裁判所の判決があった．「落石注意」の道路標識がいくら設置されていても事故が起きたときに責任逃れをすることはできない．これを契機として、道路の災害によって運転者や同乗者が被害を受けた場合、道路管理者は1.3節で述べた管理瑕疵責任を問われ、損害賠償金を支払わなければならなくなった．

道路管理者が管理瑕疵責任を問われるのは、「落石」のほかに、「穴ぼこ」「段差」などがあり、全国で支払われる賠償金は毎年数十億円に上っている．

(2) 国道41号飛騨川バス転落事故

昭和43年（1968年）8月17日、団体旅行の15台の観光バスが名古屋方面から国道41号を北上して乗鞍岳に向かっていた．平野部では曇りであったが、飛騨川に沿って山間部に入って雨が降り始め雷雨が激しくなった．国鉄（現JR）白川駅前を過ぎて23時33分頃にモーテル飛騨付近に着いた．

ここで，前方の国道は土砂崩落で通行止であることを知り，引き返すことになった．Uターンし，白川口駅前を通過して，国道上に頭大の石が10個ぐらい転がっているのを発見した．石を排除し出発したが，間もなく，前方の国道上に崩落土砂があり，今度は排除することができなかった．6台の観光バスが連なって落石を避けるために川側に停車した．そして，後から車が次々とやってきたために，バックもままならず，前にも後にも動けない状態となった．

降雨量は大したことはなく，このような状態が約1時間半続いた．突然2時11分頃に斜面から大崩落があり，6台のうちの2台のバスが数百名の人の見ている前で飛騨川の濁流の中へ「助けて」の悲鳴をかき消すごとく押し流されてしまった．2台のバスには107名乗っていたが，104名は死亡した．

これが有名な飛騨川バス転落事故で，わが国の道路管理体制を一変させ，異常気象時の通行規制などを取り入れる原因となった．なお，この事故は自動車損害賠償保険としては天災による免責事項に当たるものであるが，当時の道路管理責任体制の法律的整備が未熟であったことなどから，政治的配慮から自動車損害賠償保険の有責として保険金が支払われた．

(3) 大崩海岸落石シェッドの崩壊

昭和46年（1971年）7月5日，静岡県の国道150号の大崩海岸で大崩落が発生し，鉄製の落石シェッドを押しつぶして通行中の車が犠牲となった（図6.2参照）．被害者に道路管理者から損害賠償金が支払われたが，これを機会として落石シェッドの設計が再点検された．

(4) 越前海岸岩盤崩落事故

平成元年（1989年）7月16日，福井県越前町の日本海沿いの国道305号で2,000トンもの岩盤崩落があり，鉄筋コンクリート製の落石シェッドを押し潰し，マイクロ

図 6.2　大崩海岸での大崩落事故

図6.3 越前海岸での大崩落事故（福井県提供）

バスで通行中の15人が死亡した（図6.3参照）．

なお，この事故地点からわずか40mしか離れていない場所で昭和52年（1977年）5月に岩盤の崩落があり，それで，道路改良するとき，危険な海岸ルートを避けてトンネル案が出た．しかし，ここは越前加賀海岸国定公園で，素晴らしい景観を見せる海岸の観光ルートとなっていて，観光収入を重視する地元の強い要望で，海岸を通る現道拡幅の案となった．そして，落石の恐れのある個所には，道路を走りながら海が見え隠れする半トンネル式の洞門とよばれる落石シェッドが設けられた．

平成元年（1989年）の崩落事故の数日前に小さな落石があり，節理のある岩盤には亀裂もあったという．前日に大雨があって亀裂に水が浸透して崩落の原因となったらしい．落石は天災であっても，道路管理者の福井県に管理瑕疵責任があるとされ，保険会社が4億5千万円の保険金を福井県に支払い，福井県は1億700万円を上積みして5億5千700万円を解決金の名目で支払った．

（5）北海道豊浜トンネル崩落事故

平成8年（1996年）2月10日，北海道の積丹半島の国道229号の豊浜トンネル（延長1,086m）の西側出口で，高さ約65mで幅約40mの岩盤（推定約5万トン）が崩壊した．出口の巻き出し部分の鉄筋コンクリート製の落石シェッド（延長約46m）を押し潰して，通行中の路線バス1台と乗用車1台が下敷となり，20人が犠牲となった．なお，落石事故にバスが巻き込まれることの多いのは，乗用車よりも振動の大きい大型車の通行が落ちそうになった岩石の崩壊のきっかけをつくるのではないかとされている．

（6）鉄道線路崩落事故

鉄道線路へ落石があると，列車転覆などの大事故につながる危険性がある．平成8年（1996年）6月25日21時20分頃，岐阜県下呂町三原のJR高山線下呂〜焼石間

の三原トンネル出口付近の線路上に，大雨による落石があり，高さ約2.5 mの石が線路を塞いだ．そこへ特急列車が進行してきて落石に乗り上げた．幸い先頭の2両が脱線しただけで，しかも途中の樹木のおかげで川の中へ転落するという惨事は免れたが，17人の負傷者を出した．

6.3 土砂災害

(1) 土砂災害の種類とその原因

斜面崩壊（山崩れ，崖崩れ，岩崩れ，岩石崩壊），地すべり（法面の崩壊），土石流（山津波，泥流），液状化現象（地盤の崩壊）など，土石の流動によって生じる災害をとくに土砂災害という．

土石の流動の原因は，集中豪雨などの降雨や融雪による水の浸透によるか，内部の力のつり合いを瞬間的に変える地震力によるかして，安定な状態から不安定な状態へ移行することにより発生する．しかし，その素因や誘因は多くあって，理論的に解明し予測することは難しい．総雨量とか時間雨量から経験的な法則で崩壊しやすいなどと予測することもあるが，決まった定則はない．

また地震が発生した場合に，斜面崩壊と地すべりと土石流と地盤の液状化とが起きることがある．震源地付近でも地盤の固い場合には，斜面崩壊や地すべりがあっても大した被害はないが，河川や海岸沿いの沖積地および海面埋立地では液状化現象が発生して構造物に大きな損害を与える．

昭和38年（1963年）に災害を防ぐ目的で防災科学技術センターが設立された．その地すべり公開実験が神奈川県川崎市の生田で行われたが，予定の水量を散布しても予定の地すべりが起きず，それ以上の水を散布したところ，予想以上の地すべりが発生し，安全とされていた場所で撮影のためにいたテレビ・カメラマンが地すべりに巻き込まれて死亡するという事故が発生した．

(2) 斜面崩壊（山崩れ，崖崩れ，岩崩れ，岩石崩壊）

崖の崩壊を崖崩れといい，岩石の崩れるものを岩崩れといい，巨岩の崩落するのを岩石崩壊といい，まとめて斜面崩壊という．これらは地質不良によって起きるもので，豪雨や融雪や地震や火山噴火などが原因となり，山などの自然斜面の表層が崩壊し，その直下に押し出される現象である（図6.4参照）．「急傾斜の崩壊による災害の防止に関する法律」によって災害防止が図られる．

森林では，落葉や森林土壌の働きにより，雨水がゆっくりと時間をかけて斜面に浸透するので，斜面内の地下水の圧力が急激に大きくなることはない．しかし，樹木のない裸地斜面や，森林が破壊された場合に，水の浸透する隙間がふさがれて，雨や雪

図 6.4　北海道南西沖地震による斜面崩壊　　　図 6.5　平成 5 年鹿児島水害における斜面崩壊
　　　　　　　　　　　　　　　　　　　　　　　　　　（鹿児島県提供）

解け水は地下に浸透できない．雨水は仕方なく斜面を表流水となって流れ出して表面の土を洗い流す結果，山崩れを起こして土砂や岩石を押し出すことがある．また，雨水が地表を流下する間に短時間に継続的に斜面内に浸透するので，浸透した水は一時的に斜面内の間隙水圧を急激に上昇させる．斜面内に浸透する水量は少ないけれども，地下水の圧力を急速に高める結果，これが斜面の崩壊する原因となる．また，その土質が常時滞水しているか，滞水しやすい場所である場合に斜面崩壊が起きやすい（図 6.5 参照）．

　斜面崩壊の発生危険度の判定法はいくつかの手法が提案されているが，どの手法も判定要因の選定が重要で，いずれも，①地形要因と，②土質要因と，③降雨条件の 3 要因・条件が決め手となる．降雨条件は，日雨量 200 mm か，3 時間雨量 100 mm か，時間雨量 50 mm のいずれかを超えることが条件となっている．そして，地震の際に急傾斜地の危険度を判定する斜面判定士の制度も設けられた．なお，「急傾斜地の崩壊による災害の防止に関する法律」で対象としているのは 30 度以上の急斜面をいい，発生の危険度の高い箇所では図 6.6 に示す崩壊を検知する施設が設けられる．

　地殻の上層を形成している花崗岩はいろいろな膨張係数の異なる物質で形成されていることから，露出すると約 30 年で風化して真砂土となる．真砂土は粒子破砕を起こしやすい土質で，滞水しやすく，しかも水を含むと，その下の風化していない花崗岩との間が滑り面となって崩壊しやすくなる．

図 6.6 崩壊による落石を検知するシステムの施設の一例

　六甲山系は花崗岩で形成されているが，昭和 13 年（1938 年）の阪神大水害で死者 616 人を出したのは，この花崗岩の風化した真砂土の崩壊が主原因となっている．昭和 42 年（1967 年）にも同じように水害を被って，死者・行方不明 92 人を出したが，これも真砂土の崩壊が主原因である．崩壊した後の花崗岩がまた風化して，約 30 年ごとに風化した真砂土が崩壊するのである．そして，斜面崩壊は地震による 1 次被害であることも多く，さらに約 30 年後の阪神大震災のときに，西宮市仁川で地震による振動によって真砂土が崩壊して多数の人々を生き埋めにし，長田区や東灘区や真砂土の傾斜地が多い垂水区では，擁壁の石垣が崩れたり亀裂が入ったりして崩壊寸前となった．

　6.2 節で上述した北海道豊浜トンネル崩落事故の原因は，2.8 節で前述した北海道南西沖地震などによって亀裂が拡大し，寒冷地であるために，岩石の間に染み込んだ水分が凍結膨張を繰り返して，崩落したものとされている．

(3) 地すべり（法面の崩壊）

　地すべりは地形不良によって起きるもので，「地すべり等防止法」によれば"地すべりとは，土地の一部が地下水等に起因してすべる現象またはこれに伴って移動する現象をいう"となっている．30 度以下の緩い斜面で，大きな地塊が深い層から滑って，地塊の形状を保ちながら地表の樹木などを載せたままで，1 日に 1 mm〜5 cm 程度のゆっくりと水平方向に滑動する現象であって，必ずしも豪雨や融雪や地震などと

動きは一致しないが，遠因であることが多い．地すべりは当初ゆっくりであるが，そのうちに速くなって地塊が壊れて山崩れの状態になり，雪崩のように流れることがある．地すべりは規模が大きく，河道内に押し出されると河川を堰止めたりする．湛水して上流の沿岸低地に洪水をもたらしたり，土塊が高速度で海や湖沼に突入して津波を引き起こしたりする．

地すべりには，①軟弱地盤の斜面で，地盤がかなりの厚さにわたって地割れが発生して裂け，ブロックごとに斜めに崩壊するスランプ型地すべりと，②固い地盤の上に柔らかい地盤が乗っている場合に，柔らかい地盤が分離してばらばらにちぎれて固い地盤の上をすべり落ちるスライド型地すべりとがある．

昭和6年（1931年）に，大和川が奈良盆地から大阪平野に出る亀の瀬地点の自然の山腹で地すべりが発生した．地すべり面積約100 ha，その深さは60〜70 mにも達するもので，国有鉄道（現・JR）の関西本線と国道25号は対岸へ付け替えられた．大和川を堰止めて奈良平野を水浸しにする危険性もあった．地すべりの速度は落ちたが，現在も停止していない．

長野市地附山（標高733 m）の東南斜面は数万年前の古い地すべりの跡地で，昭和39年（1964年）の戸隠有料道路の建設で，緩い傾斜地をいじったことから地すべりの兆候が発生し，降雨時や融雪時には亀裂や段差が生じるようになった．そして，昭和60年（1985年）の梅雨期に約500 mmの降雨があって，7月26日に大崩落があり，戸隠有料道路は通行止となったほか，多くの家屋が押しつぶされ，26人が死亡し，4人が負傷した（図6.7参照）．

地すべりは自然現象であることがほとんどであるが，建設時の人工の無理な切土が原因で発生することがある．東名高速道路の由比地点や中央自動車道の岩殿地点では，

図6.7　長野市地附山地すべり（長野県提供）

交通の供用を開始してから地すべりが発生し，交通阻害の原因となっている．同じように，新幹線鉄道やダムでも，建設後に地すべりが発生している事例がある．また，ダムが貯水すると谷壁斜面内の地下水位が上昇して地すべりの原因となることもある．計画設計のときに十分な地質調査とその対策を講じることによって災害を避けなければならない．

「地すべり等防止法」では，過去において地すべりが発生した経歴のある斜面を地すべり危険地としている．

(4) 土石流（山津波，泥流）

土石流は，先頭に大きな岩や流木を集めて，一挙に下流に押し流してくる現象をいう．津波のような形態から山津波ともいわれる．

土砂や岩礫と水とが一体となって，それ自体の重みによって谷底を流下することから，原因が大雨であることが多い．このほか，地震による2次災害や火山噴火が原因で大量の土石流が海に流れ込んで，津波を発生することもある．種類として下記のものがある．

1) 上部の地盤が粉々になって崩れ，この山崩れの土塊がばらばらとなって，下部の地盤を巻き込んで流れるように崩壊し，水と混じりあって流動性を増して土石流となるもの．
2) 山崩れの起きやすい山地の堆積土砂の多い谷で，急勾配の渓流の谷底に堆積していてた土砂や土石が，大量の水を含むことにより，大雨による急激な増水により動き始め，しだいに土砂量を増して土石流となるもの．
3) 山崩れによって谷が堰止められてできた天然ダムが，決壊して大量の水が一気に押し出して渓流に溜まっている土砂を巻き込んで土石流となるもの．
4) 地震による土石流の例として，4.3節で述べたように，寛政4年（1792年）の九州の雲仙普賢岳の噴火に伴う地震で，眉山の大崩壊から土石流が発生して，大量の土砂が有明海に流れ込み，大津波を起こさせた．また，大正12年（1923）9月1日に発生した関東大震災で，神奈川県根府川谷で膨大なる土石流が発生して川下を襲い，川沿いの民家をなぎ倒し，700人余の死者を出すとともに，東海道本線を走行中の貨物列車を押し流した．このほか，昭和24年（1949年）の今市地震，昭和43年（1968年）の十勝地震，昭和53年（1978年）の伊豆近海地震，昭和59年（1984年）の長野県西部地震でも土石流が発生している．
5) 火山噴火による土石流の例として，3.7節で述べた1985年の南米コロンビアのネバド・デル・ルイス火山噴火の例がある．

(5) 液状化現象（地盤の崩壊，流動化）

液状化現象とは，地震の発生などが原因で，砂の中に含まれた水分の圧力（間隙水

圧）が上昇して，砂と水とが一緒にかき回されたように液状化して噴出し，砂は粘性液体のような性質を呈するようなり，すべりに対する抵抗力が減少する現象をいう．具体的現象としては，地中の土は均一性を欠いて，すべり抵抗力はなくなり，大きなひび割れが発生し，河岸は河に向かってすべり出し，河川堤防も沈下し，道路や鉄道の盛土は沈下し，橋台や橋脚を支えている杭は折れ，橋梁は落下破損し，ビルは沈んだり傾いたりし，家屋の床下から水と砂が吹き出し床がもち上げられ，下水枡（マンホール）や浄化槽などの施設が地上に浮いたようになる（図6.8および6.9参照）．

　わが国で，地盤の液状化現象が問題となったのは昭和39年（1964年）の新潟地震が初めてである．続いて，昭和43年（1968年）の十勝沖地震，昭和58年（1983年）の日本海中部地震，昭和62年（1987年）の千葉県東方沖地震，平成5年（1993年）の北海道釧路沖地震，平成6年（1994年）の北海道東方沖地震（図6.10参照），平成7年（1995年）の阪神大震災などでも液状化現象が起きた．

　外国では，1971年のアメリカのロサンゼルスのサンフェルナンド地震，1989年のアメリカのサンフランシスコのロマプリータ地震（11.2節で詳述），1990年のフィリピン地震などでも液状化現象が起きた．

　地盤の軟らかい場所や昔河川であった場所や海岸の埋立地では，地震時における液

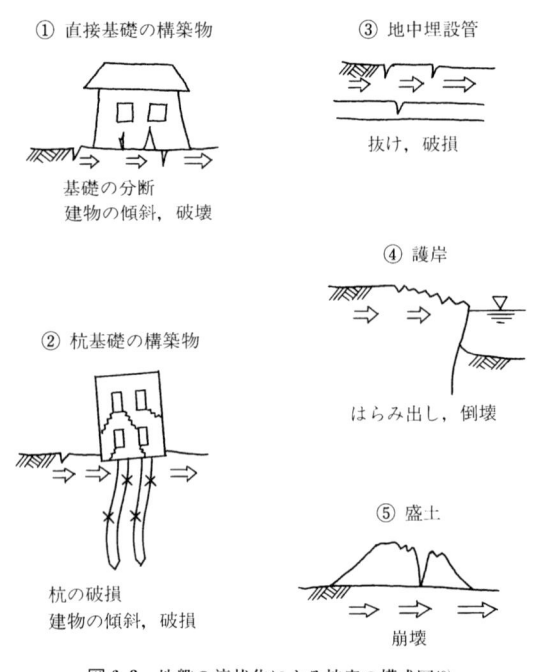

図 6.8　地盤の液状化による被害の模式図[49]

図 6.9 北海道東方沖地震による液状化現象で浮き上がった下水枡

図 6.10 北海道東方沖地震による液状化現象で生じた舗装面での多数の孔

状化現象は避けられない．液状化現象が起きると，土地の振動の周期と木造家屋の周期が一致して共振を起こす場合がある．液状化現象は，地下水位が高く，土砂の粒子が細かくて均一，土砂の締め固め不足，の 3 条件があって発生するものである．対策として，このような場所では，土砂と一緒に一定以上の粒の大きい礫を混入することにより，液状化現象は避けられる．地中に砂の柱を埋め込んで締め固めるサンドパイル工法を用い，不揃いな礫を投入するのもよい．なお，樹木の根は液状化を防止する機能をもっているので，樹林を形成するようにするとよい．

6.4 侵　　食

関東平野に太古の昔から自然に堆積した沖積層の体積は約 $90\,\mathrm{km}^3$ と膨大な量であるが，最近の東京湾での人工的堆積は自然の堆積速度をはるかに凌いでおり，しかも

人為的な侵食・堆積作用である陸上での土砂採取と造成も行われている．このような自然を無視した行為が行われると災害発生の原因となる．

（1）雨食

雨食とは降雨によって引き起こされる侵食をいう．降雨がある程度強くなると雨水は地面に浸透しきれなくなって表面を布状に流れる．そして面的に土壌を侵食する．しだいに小さな水路が形成され，侵食はこれに沿って進むようになり，土柱を形成することがある（図 6.11 参照）．

図 6.11　雨食（長野県上田市内）

切土法面は雨食に弱く，新しい盛土には保水能力はなく，崩壊する危険性が高い．降雨対策として切土法面や盛土法面や崩壊地の表面には，降雨に際して崩れないように，張芝，種子の吹き付け，筋芝，土羽などの植生工により処理することが多く，また，斜面の安定を確保したうえで，現存の周辺の植生と調和した植栽（樹木を含む）により法面処理を行うこともある．この植生工は，時間の経過とともに法面の植生が周囲の自然植生に推移するので，周辺の環境や景観との同化を図ることができる．このほか，排水工が施工される．

なお，竣工後でも土質の安定するまでの長期間は，雨食により土砂が流れ出やすくなり水が濁ることが多い．そのほか，川底は砂利や砂などが安定していて一つの生態系を長年にわたって形成しているものであるが，そこに土砂が堆積すると，安定した長年の生態系が壊れてしまうことがある．

（2）地下水による侵食

山地や丘陵地では動水勾配が大きいために，地下水の流速も大きい．これによって地下の砂礫層や岩屑層などの未固結地盤の中では細粒土砂が流されて，後に空洞（パイピング）が生じる．これを物理的侵食という．また，石灰岩などの場合に，鉱物質

が地下水中に含まれる二酸化炭素によって溶食され，空洞ができる．大規模となると地下では鍾乳洞となり，地上ではカルスト地形が形成される．これを化学的侵食という．これら地下水による侵食は自然現象であり，事前対策の施しようがなく，崩壊した後での盛土の施工しかない．

（3）河食（河川侵食）

河川の流水によって川岸などが侵食されることを河食という．洪水時に短期間に強い侵食が直接的に引き起こされる場合と，長期間にわたって流水により徐々に侵食が行われる場合とがある．前者の場合に土地の流失という災害を被ることがあることから，水制と護岸が施工される．後者の場合に山地では長年月の間に谷が形成されることが多い．

（4）海岸侵食

海岸侵食は地球的規模の現象である．わが国の約4,000 kmの海岸線（約3/4は海浜海岸）のうち，約18％は侵食を受けており，年間侵食面積は約0.122 km^2/年で，侵食土量は100万 m^3/年を超えているとされている．一方，海岸の漂砂の供給源は河川であって，わが国の河川の全国平均流砂量は357.2 m^3/km^2/年となっている．

海浜海岸の場合，ある地域での漂砂の沿岸波浪などによる他地域への流失量よりも，河川または他地域からの供給量が少ないときに，海岸侵食が生じる．これを防ぐために，海岸事業として海岸に突堤や平行堤（図6.12参照）を設けて流失を防ぐとともに漂砂の供給により堆砂を推進する．しかし，根本的には河川からの流砂量の減少を防ぎ，ダムでの堆砂を排砂する必要がある．

岩石海岸は陸地の沈降・隆起によって形成されることが多い．岩石海岸が侵食を受けるのは打ち寄せる波浪の力が原因であって，構成する岩石の硬軟によって差があり，軟岩の場合には約1 m/年の侵食を受けた例がある．対策として基部に消波工を設置

図6.12　海岸の平行堤

して波浪の力を和らげる手法が用いられる．

6.5 地盤沈下など

　地盤沈下とは地表面の沈下現象をいい，原因は大別して自然現象によるものと人為的なものに分けられる．自然現象によるものには，地震，火山噴火，地殻変動，沖積層の自然圧密などがあり，人為的なものには，天然ガス溶存地下水の採取，上水道用水・工業用水・農業用水のための地下水の採取，散水式消雪パイプ用水のための地下水の採取，地下鉄・下水道・共同溝などの地下構造物の建設工事による地下水の排水，構造物・盛土による圧密沈下などがある．なお，渇水時に，上水道用水・工業用水・農業用水の汲み上げ量が増えるのはある程度止むを得ないことであり，散水式消雪パイプ用水も5.6節で前述した冬期気象災害の対策として用いる必要がある．

（1）不同（不等）沈下と土地の隆起

　軟らかい地盤では地震の強い振動によって不等沈下や土地の隆起を生じる．自然現象であって，事前の対策はなく，そのために建物の土台が破壊されて，建物の倒壊や大破を招く．そして，大地震の場合には土地の隆起や沈降の現象が見られる．元禄16年（1703年）の元禄関東地震のときには，房総半島の南端は5～6mも隆起した．このために，南端にあった野島は陸続きとなって野島崎となり，南海岸の海底の海食台であった土地が海面上約5mの段丘となって，現在は布良という集落ができている．大正12年（1923年）の関東大震災のときにも，三浦半島や房総半島の先端は最大2mも隆起した．

（2）地下水採取の規制

　人為的な地盤沈下発生の原因を図6.13に示す．この事前の対策として，わが国では，「工業用水法」および「建築物用地下水の採取の規制に関する法律」，地方自治体の条例によって，地盤沈下地域だけでなく地下水の保全と地下水の塩水化を防ぐ目的で，地下水の採取を禁止する規制が行われている．

　しかし，地域によっては地下水は昔からの貴重な水源であって，わが国の上水道の水源の1/3は地下水に頼るなど利用率は高く，規制するには，地下水に代わる水源を確保する必要がある．また，地盤沈下防止対策工業用水道事業など，河川の表流水へ転換するとしても，水源として上流でのダム建設の必要があって簡単ではない．雑用水の中水道への転換も必要とされる．

（3）地下水の涵養

　消極的対策として，地下水を涵養し減少を防止するために，①人工的に地下水を増やして地下水資源を開発し，②地下水を保護して地盤沈下などの障害の発生を防ぎ，

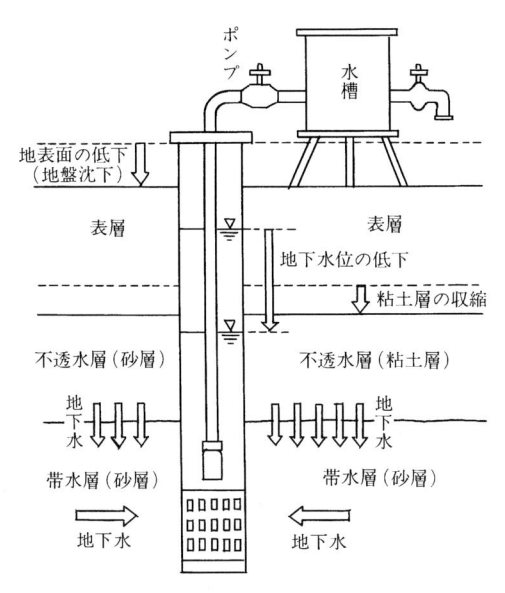

図6.13 地盤沈下発生の原因

③地下水資源を守って合理的有効的に利用することを図る対策がとられる．その方法として，
1）上流における植林を促進して雨水の地下への浸透を図る．
2）ダムによって洪水調節した水を地下に浸透するようにする．
3）地下に止水壁を設けて地下ダムとし，地下水の海への流出を防止する．
4）道路舗装で歩道などは透水性舗装を行って，雨水を地下へ浸透させる．
5）道路側溝を地下の帯水層に結んで雨水を帯水層へ導き，雨水が側溝を通じて無駄に海に流れないようにする．
6）都市における緑地を増やすことにより地下への雨水の浸透を図る．
7）都市に多くの池を設けて，池から地下への雨水の浸透を図る．

（4）地盤沈下事後対策事業

地下水位の下がった場合に，地下水位を元に回復させることは至難のことで，かりに地下水位が元に戻っても地盤が元に戻ることはなく，上に盛土するしかない．不同（不等）沈下した場合には構造物に被害が生じるし，広域的に平等に沈下した場合には洪水や高潮の危険性が増してくる．地盤沈下の事後対策として，①河川事業による内水排除施設整備，②海岸事業による高潮対策や海岸保全施設整備，③農地および農業用水路等の改修を行う土地改良などの事業がある．

6.6 地形変化による災害

セメント材料として石灰石を採取して山を崩す場合がある．また，山地におけるゴルフ場開発などのリゾート施設は，地形や自然を改変して，山を削り沢を埋める大土工量となって地形を改変する場合がある．ダム建設による水面上昇も一つの地形変化となる．このような大規模な地形を改変した場合，自然のバランスが崩れて気象変化を生じ，災害発生の原因となる．そして地形の改変は森林を伐採するだけでなく，切土や盛土の崩壊しやすい斜面を増やすことになり，切土・盛土の法面の安定などの防災に関する対策を必要とする．

ゴルフ場などスポーツ施設は，原地形をそのまま利用した人工改変のきわめて少ない原地形利用型であることが望ましいが，開発が進んで適した地形の敷地は少なくなり，現在まで何も利用できなかった起伏に富んだ複雑な地形や，複雑な地質からなる土地がしだいに開発の対象となってきている．地形の起伏量が大きくなると，しだいに地形を人工的に改変する度合が大きくなる．

6.7 土砂災害対策

土砂災害を防止する手段としては何よりも治山である．樹木を正常に繁茂させて，その根によって土壌の強度と保水力を高めることにある．ことに根の深い樹木はしっかりと大地に根を張るので地盤が安定している．斜面崩壊や地すべりや土石流や液状化現象などの土砂災害は地盤の悪いことが原因である．

土砂災害対策としては，その危険地帯を避けることが第一であるが，6.1節で述べた地質が判明すれば，その対策工法を処置することにより支障はない．公共事業として崖地などの崩壊を防止するための急傾斜地崩壊対策事業などが行われる．これらの対策のない地帯は土砂災害の危険性が高く，災害を避けられない場合には直接的被害を避ける対策として下記のような工法がとられる．

1）導流堤を設けて落石や土砂崩壊を海など支障のない方向へ導く．
2）山肌の岩盤に鉄筋を打ち込み，コンクリートを吹き付けて岩石を覆う．
3）道路や鉄道では落石シェッドを設ける．構造として上面が水平である場合には大きな岩石の崩落には耐えられない．図6.14に示すように，シェッドの上部を土で覆って周辺の斜面勾配や植生と同じにすることにより，落石を下方に導いて崩落によるシェッドに与える衝撃を和らげるようにする．5.6節で前述した雪崩対策用のスノーシェッドと兼用するとよい．

図 6.14　落石シェッド

4）落石ネットを設ける．ただし，落石ネットは小石がぱらぱらと落ちるのを防ぐためのものであり，大きな落石などを防止するものではない．
5）法枠工などを施工する（図 6.15 参照）．

　道路をはじめとする社会基盤の場合には公共事業として実施されるが，個人の家屋に土砂災害の危険性があっても税金を原資とする公共事業での対策をとることはできない．個々の住宅などは個人の財産であり，原則として土砂災害の危険性があっても個人の責任で行わなければならない（図 6.16 参照）．ただし，急傾斜地崩壊対策事業として一定の条件の場合に公共事業として行われる．

　土砂災害の防災手法としては危険地帯から移転することが最も望ましいが，最大の障害は多額の経済的負担である．「防災集団移転特別措置法」による防災集団移転促進事業と崖地近接危険住宅移転事業の2制度があって，一定の条件のもとに利子補給などの資金補助があるが，土砂災害の危険性のある集落がまとまって移転するのは災

図 6.15　法枠工（月山道路）

図 6.16　悪い地盤に対する斜面崩壊対策

害を被ったときを機会とすることが多い．4.4 節で述べた津波対策としての低地から高地への移転や，第 5 章で述べた風水害による被害常襲地帯からの移転なども皆同じで，本来は災害を受ける前に移転すべきであるが，地震で崖が崩れて宅地が危険な状態になったときとか，軽微な災害を受けたことを契機とすることが多い．

第7章 都市火災

 都市災害の特徴として，わが国においては木造家屋の多い都市の状況から中世の昔から火事は多かった．とくに江戸時代には"火事と喧嘩は江戸の花"とまでいわれて，歴史的に大火災が多発しており，町火消しの制度ができたり，火避け地が設けられたり，防火構造として土蔵造りの家（図7.1参照）が建てられたりした．火事は近代の明治時代になっても多かった．第2次世界大戦後は，都市計画事業の推進，建築物の不燃化の推進，消防力の強化，早期消火の努力などにより，出火件数が増加したにもかかわらず，大規模な火災は減少した．

図7.1 埼玉県川越市の土蔵造りの家

7.1 異常気象による火災

（1）函館大火災（戦前の最大火災）

 昭和9年（1934年）3月21日18時53分頃，函館市の住宅から出火し，折から39 m/sの突風で大火となった．翌朝6時に鎮火したが，函館の街をなめ尽くし，市街地面積の27.37％に当たる4,164 km^{2}を焼失した．

 焼失家屋11,105棟（22,667世帯，全世帯数の53.82％に当たる），死者2,166人，

重傷者 2,318 人，軽傷者 7,167 人の被害を出した．

復興に際して防災都市の考え方を徹底し，幅員 55 m，幅員 36 m の緑地帯を兼ねた広幅員の防火街路によって市街地全体を分割し，防火区画を形成した．

(2) 飯田大火災（消防法制定の"きっかけ"となった火災）

昭和 22 年（1947 年）4 月 20 日 11 時 48 分頃，飯田市上常盤町で破損した煙突の火の粉が民家の軒先の隙間から入って出火した．風速 5.5 m/s の南風にあおられて火勢は北に向かい，風速も 11〜13 m/s に加速して，消火活動も思うにまかせず，ほぼ人家のなくなる地点まで達して，21 時頃に境内の広い寺院や神社などで焼け止まった．

消失家屋 3,577 棟（4,010 所帯），被災者数 17,778 人（当時の人口は 3 万人強），焼失面積約 65 ha（市街地面積の約 3/4）に達した．

戦後におけるわが国最大の都市火災となった．その原因は，①飯田市が伊那谷の階段状丘陵地の突端に形成されていたという地形上の不利な立地条件もあるが，②木造家屋が密集し，③公園緑地などの空地がきわめて少なく，④街路が狭くて街路総面積は市街地のわずか 5% に過ぎず，⑤消火用水を上水道のみに依存していて，⑥河川や用水路などの自然水利を無視し，⑦消防力が機械設備・人員ともに弱体であったことなどによる．

これがきっかけとなって，昭和 22 年（1947 年）に消防組織法が制定され，昭和 23 年（1948 年）には「消防法」が制定されるとともに，臨時防火建築規則が公布された．

(3) 酒田大火災（自衛隊まで出動した大火災）

昭和 51 年（1976 年）10 月 29 日 17 時 40 分頃，酒田市の繁華街にある木造の映画館から出火した．運悪く日本海沿岸は強風で，酒田では平均風速 13 m/s，最大瞬間風速 33.3 m/s の風が吹いていた．この風に乗って飛火により火災が多発して拡大し，木造建築の商店街などに火が移った．

自衛隊も出動して破壊消防までするに至り，街の中心街を焼き付くした．寺院や広い屋敷の樹林地が延焼防止に役立ち，新井田川を挟む両側 60 m の空間によって火災は阻止され，翌朝 5 時頃に鎮火した．焼失家屋 1,774 棟，被災所帯 994 所帯，被災面積 22.5 ha，死者 1 人，負傷者 964 人であった．

復興に際して防災都市の建設を基本とし，①南北を貫く幅員 32 m の広幅員街路を設け，②住宅地の道路は南北方向を主軸とし，③ 4 箇所の公園を設け，④防火地域を指定し，幅員 60〜70 m の不燃帯が設定された．

7.2 地震による同時多発火災

(1) 関東大震災（関東地震）

大正12年（1923年）9月1日に発生した関東大震災では，家屋の焼失447,128棟，全壊128,266棟，半壊は126,233棟，流失868棟の約70万棟の建築物の被害と，死者99,331人，行方不明43,476人，負傷者103,733人の犠牲者を出し，東京の総人口の58%の133万人が罹災した．被害の大半は火災によるもので，損害の総額は当時の金額で約55億円であった．

(2) 鳥取地震

昭和18年（1943年）9月10日に発生した鳥取地震で，家屋の倒壊は約13,500戸にも達し，すぐに火の手が上がって，一晩中燃えて鳥取市を中心として大被害を被った．死者は1,083人に達した．

(3) 阪神大震災（兵庫県南部地震）

平成7年1月17日に発生した阪神大震災で，神戸市の場合，地震の発生した午前5時46分から10日後の27日午前5時45分までの間に，175件もの火事が発生し，13.2節で後述する大被害を出した（図7.2参照）．

図7.2 阪神大震災のときの火災（地震発生後約3時間後に出火）

(4) 地震時の火災の原因とその対策

関東大震災のときの出火原因の大部分は炊事のための竈であるが，20%は化学薬品とされている．福井地震のときの出火原因の20%も化学薬品とされている．石油ストーブは地震に対する自動消火装置が普及したが，都市ガスには地震時の各戸の自動消火装置はまだ開発されていない（11.4節参照）．

阪神大震災のときに大規模火災が同時多発した原因の全部は不明であるが，なかに

は放火の疑いの場合もある．出火原因の約40％は地震発生後の3時間以上が経過してから出火したものであり，そのうち44件は電力会社が復旧のために通電したのが原因であると特定されている．地震発生から午前7時までの電気による火災は5件で，午前7時から正午までには17件も発生していて，災害後の早期復旧のための通電が仇となったものであり，2次災害の典型とされる．

通電による出火原因のメカニズムは，①電気のスイッチを切るのを忘れて避難したり，落下物が当たってスイッチが入ったりして，数時間後に電力が復旧し通電すると，電気ストーブ，熱帯魚用ヒーター，白熱スタンド，電気コンロなどの倒れた電気器具に通電して出火する場合，②地震による落下物が電化製品のコードの中にある芯の電線を破損してショートした状態となり，通電後にショートした部分が熱を帯びて周囲の絶縁物を溶かして出火する場合，③家電製品や電器器具の電化製品のコードのプラグから出火する"トラッキング現象"の場合で，コンセントと差し込まれたプラグとの間には永年の間にゴミなどが溜まり，溜まったゴミなどが原因となって絶縁状態が悪くなり，湿気の多い場合に，通電後にショートするものである．

神戸市兵庫区上沢通8丁目11番地で，地震発生後約3時間近く経った8時30分頃に倒壊した家屋から原因不明で出火した．消防車が1台来たが，水道施設の破壊で消火栓から水が出ず，消防士は手をこまねくだけで何もできなかった．倒壊した家屋の下敷きになった人々を助けるには人力では不可能で，"熱い，熱い"という悲鳴を聞きながらどうすることもできなかった．図7.2の写真撮影は9時ごろで，風も無かったのが幸いし，広い街路が延焼を防いで，10時ごろに自然鎮火した．14軒焼失し，死者7人であった．

7.3 戦時火災

(1) 空襲による都市の壊滅

第2次世界大戦の末期に，一般市民を無差別に殺傷して，戦意をなくさせることを目的として，アメリカ空軍のB29戦略爆撃機による都市爆撃が開始された．昭和20年（1945年）3月10日未明に，東京の下町は123機のB29戦略爆撃機による焼夷弾投下により一面火の海となって廃墟となり，約10万人の非戦闘員である一般市民が焼死した．これに続き，横浜，名古屋，大阪，神戸の街も壊滅した．日本の都市は木造家屋が多く，焼夷弾投下による同時多発火災に対して手の施しようがなく，燃えるに任せて多数の市民が焼死した．

アメリカ空軍は焼夷弾による一般市民を対象とした都市無差別爆撃の効果の大きいことをはじめて知ったが，焼夷弾のストックは底を突いて一時中止した．焼夷弾の生

産に全力をあげて，工場から戦場へ急送した．全国の都市を目標として攻撃を続けたために，中小都市まで含めた60の都市が壊滅し，約40万人の非戦闘員である一般市民が焼死した．全国の被災面積は645 m²に及び，淡路島とほぼ同じ面積の国土が焦土となった．

戦後に戦災復興の都市計画として，防災と保健と美観を兼ね備えた広幅員の街路と広場と帯状の緑地を縦横に配置する計画がたてられた．昭和25年（1950年）からの緊縮財政で内容は縮小されたが，全国で115都市で戦災復興事業が行われ，昭和35年（1960年）にほぼ完了した．市街地の中心は区画整理で街路や公園が整備されて様相は一変した．"杜の都"仙台の並木道である定禅寺通りや，名古屋の公園を兼ねた久屋大通りなどは，幅員100 mなどの広幅員街路を中心とする当時の雄大なる構想の名残である．

阪神地区では東西に3本の幹線街路が整備され，その1本が幅員50 mの国道43号（通称第2阪神国道）である（図7.3参照）．この中央分離帯を利用して阪神高速道路神戸線が建設され，阪神間の大動脈となった．また，南北の河川沿いの緑地や市街地の公園も整備され，防災都市を目指した．

図7.3　国道43号（通称第2阪神国道，阪神高速道路建設前）

（2）ウラン型原爆による広島の壊滅

アメリカは原子爆弾の開発を進め，その無差別大量殺戮兵器としての効果を試す必要から，実験都市を残しておく必要があった．そのために，広島，長崎，小倉，新潟の4都市を空襲しなかった．1945年（昭和20年）7月に実験に成功し，事前警告なしに使用することも決めた．

アメリカ空軍のB 29戦略爆撃機は，昭和20年（1945年）8月6日8時15分，ウラン型原子爆弾を広島市の中心地に投下した．人類初の核爆弾は上空580 mで爆発

し，直径280 m，5,000℃の火の玉となった．広島市の街は壊滅し，20万人を超える非戦闘員である一般市民が死亡した．爆心に近く繁華街であった中島地区には約2,600世帯で約9,000人が住んでいたが，跡形もなく消え去り，散乱する瓦礫の山と死体だけが残った．

第2次世界大戦は8月15日に日本の降伏で終わった．広島市の原子爆弾投下の爆心にあったのが広島県物産陳列館（物産陳列館）であり，中央部分と頂上の円蓋の外枠だけは残った（図7.4参照）．これを崩れないように内側に鉄枠を組んだり，接着剤で補修されて残され，原爆ドームとよんだ．この原爆ドームは，人類の"負"の文化遺産の標本として，平成7年（1995年）に日本の史跡に指定されるともに，平成8年（1996年）に，世界遺産条約の文化遺産として世界遺産一覧表に記載され登録された．

広島の街も戦災復興事業として平和大通りと太田川緑地が計画され，防災都市の見本となるようになった（図7.5参照）．

図7.4 広島市原爆ドーム　　　　　図7.5 広島市平和大通り

（3）プルトニウム型原爆による長崎の壊滅

アメリカ空軍のB29戦略爆撃機は，8月9日午前11時2分，プルトニウム型原子爆弾を長崎市の中心部を狙って投下したが，外れて郊外の浦上の上空500 mで爆発し，直径240 m，7,700℃の火の玉となった．長崎市は破壊され，約10万人の非戦闘員である一般市民が死亡した．

7.4 爆発事故による火災

爆発事故とは，都市ガスおよびプロパンガスなど爆発性ガス取扱い施設，火薬類，爆発性物質の製造貯蔵施設，石油等危険物取扱い施設などの爆発のほか，有毒物質の製造貯蔵施設の倒壊，放射性物質の拡散と降下などをいう．

生活水準の向上と都市構造の多様化ならびに複雑化によって，化学工場，化学材料倉庫，都市ガスおよびプロパンガスなどの爆発による風圧と火災の被害は，新しい様態の災害として，これからの防災対策の重点の一つとなった．そして石油コンビナート等における災害は新しい様相を示すものであり，事故が起きれば甚大となるので，昭和50年（1975年）に「石油コンビナート等災害防止法」が制定されて，とくに災害を防止することが細かく決められている．

（1）地下鉄工事ガス爆発事故（大阪市天六ガス爆発事故）

昭和45年（1970年）4月8日，大阪市北区菅栄町の地下鉄天六駅付近の工事現場で，地下鉄工事のために地下を掘削していた．地中に埋設していた直径300 mmの都市ガスの中圧管を地下溝の天井に吊して工事を進めていたが，誤ってショベルカーの一部が都市ガス管に当たって継手が外れ，ガスが大量に漏れた．人々がガスの噴出に気が付いたのは17時15分頃で，39分に発火し，8分後の47分に爆発した．ガス噴出を止めたのは4時間後であった．

工事現場にガス検知器を備えていなかったためにガスの噴出に気付くのが遅れ，近くにガス遮断バルブがなかったためにガスの噴出を止めるのに時間を要した．現場は沿道に家屋の密集している幹線街路の地下をオープンカット方式で施工し，コンクリートの覆工板で蓋をして，その上を自動車が走行していた．爆発によって400 kgもの重さのある覆工板が多数吹き飛ばされて自動車や人や周辺家屋の上に落下し，30

図7.6　大阪市天六ガス爆発事故（大阪ガス提供）

棟の建物と 2,000 m² を焼き払い，家屋の全焼 47 所帯，水損 41 所帯，死者 79 名，負傷者は 400 人を超えるという被害を出した（図 7.6 参照）．

（2） 地下街ガス爆発事故（静岡駅前地下街爆発事故）

国鉄（現・JR）静岡駅前北口には東西に百貨店やビル商店街が連なり，地階は地下道に面した地下街を形成している．この地下街の駅から北西約 250 m の地点で，昭和 55 年（1980 年）8 月 16 日，9 時 25 分頃に第 1 次ガス爆発が発生した．この爆発で地下 1 階の数店に直接被害が出た．

通報によって，警察署員と消防署員と，遅れて 1 人の都市ガス会社社員が到着した．やがて消防署員が都市ガス洩れに気付いた．都市ガス会社社員は遮断バルブの位置を探したが，その位置を知らず，みつけられなかった．そのうちに都市ガスが充満してきて，9 時 56 分に都市ガスによる第 2 次爆発が起き，火災も発生した．その後も都市ガスが大量に流れ，やっと都市ガスの遮断バルブを止めることができたのは 13 時 12 分であった．この遅れが被害を大きくした．

都市ガスが止まっても火災が続き，15 時 30 分になってようやく鎮火した．店舗は全壊 43 店，半壊 7 店，一部破損 86 店の被害を受け，住宅も全壊 6 棟，一部破損 21 棟の被害を受けた．死者 15 人，負傷者 223 人であった．

当初に，第 1 次爆発の原因を地下街で発生したメタンガスと考え，都市ガスの遮断バルブを止めなかったことが被害を大きくした．第 1 次爆発の原因がメタンガスであったとしても，被害のほとんどは都市ガスの第 2 次爆発によるものであることから問題が起きた．しかし，裁判の結果，第 2 次爆発を都市ガス会社は回避することは不可能であったと認定され，都市ガス会社社員の刑事責任は問われず，都市ガス会社は遺族ら 7 人に約 1 億 1,700 万円支払うことで和解し，ビルの所有者には 7,500 万円支払うことで解決した．

（3） 火薬爆発事故（茨城県守谷町花火工場爆発事故）

茨城県守谷町にある花火工場で，平成 4 年（1992 年）6 月 16 日，7 月・8 月の花火需要期を控えて大量の打ち上げ用の花火を準備していた．ところが 10 時 42 分頃に，貯蔵および製造中の火薬が爆発した．

消防車などが出動して 19 時に鎮火した．工場内の 15 棟の作業場・倉庫などが焼失・全壊したほか，周辺の家屋は焼失 16 棟，全壊 7 棟，半壊・一部破損 608 棟の被害を被った．死者 3 人（工場従業員），負傷者 59 人であった．

第8章　環境災害

8.1　酸性降下物（酸性雨）

　酸性雨は，自動車排ガスや工場などのさまざまな経済活動の結果，気体として大気中に放出された硫黄酸化物や窒素酸化物などが，上空を浮遊している間に紫外線などによる化学変化により酸化されて硫酸塩や硝酸塩などとなり，降雨や降雪のときに雨や雪に混入されて強い酸性を示すものを酸性雨という．このほか，大気中の汚染物質を霧の中に取り込み凝縮したものを酸性霧という．酸性霧は，酸性雨に比べて長時間空中に漂っているために，葉や枝や幹に降り積もった酸性物質をゆっくりと溶かすことから，酸性雨の10～20倍も酸性度の高い水滴となる．また，ガスとして存在したり，硫酸の煙霧体（エアロゾル）などや乾いた酸の微粒子として地上に落下するものがあり，これらを含めて酸性降下物という．

　雨は普通の状態でも空気中の炭酸ガスと反応して炭酸を作るので多少の酸性を示し，水素イオン指数（pH）で5.6前後の弱い酸性である（7で中性）．しかし，硫酸塩や硝酸塩などが混入すると酸性が強くなる（pHが低くなる）．

　硫黄酸化物は工場などでの石炭の燃焼によることが多く，硫黄含有率の高い石炭の場合には汚染がひどくなる．煙突が低い場合や内陸部の盆地などの場合には，比較的近い地域に酸性雨として落ちるが，高い上空を数百～数千kmにもわたって長距離を移動することもあり，地球的規模の問題となる．

　ヨーロッパでは，イギリスからドイツへ，フランスからドイツやイタリアへ，さらに東欧へと大気汚染物質は流れて，ヨーロッパ全体で降雨のpHは平均で4.5ぐらいとされている．ドイツやノルウェーやスウェーデンでは，雨水に含まれる硫黄酸化物の70～90％は西方からの貰い公害であるとされ，1979年にはヨーロッパ諸国で，長距離越境大気汚染条約が結ばれた．

　アジアでは，中国のエネルギーの70％は石炭燃焼によるものであり，硫黄含有率も高い．わが国は石炭をエネルギーとして燃焼させることは少ないが，中国からの大気汚染物質が偏西風に乗って運ばれる貰い公害の恐れがあり，降雨のpHも平均で

4.5ぐらいで，酸性雨が観測されるようになった．

8.2 酸性降下物（酸性雨）による被害

　酸性降下物による被害は一朝一夕で生ずるものではなく，長年にわたって蓄積されて被害を生ずる．これら被害を下記に述べる．

（1）土壌汚染

　土壌は人の生命を維持し生態系の環境を守るものである．土壌には微生物や小動物がいて，土壌に負荷された多くの汚物を分解し，浄化の役目を果たす．分解された物質は植物に吸収されるか，降雨によって溶けて流れたりして土壌中に残留することは少ない．この大切な土壌を汚染する物質として，カドミウム，銅，ヒ素，その他の重金属有害物質があり，鉱山や製錬所などから排出されるほか，酸性降下物（酸性雨）によるものもある．このほかに土壌を汚染する物質が自然界にも存在するが，人類に害を与えるほどではない．

　なお，盛土などのように土をいじると，土中の微生物などに変化をきたし，果ては微生物などのいない土壌となったりして水質保全の能力がなくなる．

　土壌が有害物質に汚染されるような場合に，微生物や小動物が死んだり，有害物質を農作物や畜産物を通じて人が食したり，呼吸によって人の体内に入ったりして，人の健康を阻害する．

（2）森林の生態系の破壊（枯死）

　pH 3より強い酸性雨では植物の葉を枯らしたり成長を妨げたりする．しかし，pH 4台でも長年にわたっての酸性降下物があると，酸性降下物中の硫酸・硝酸イオンが森林の土に沈着して土壌が酸性化し，植物に有害なアルミニウムイオンが土中から溶出する．これを土壌が痩せるという．痩せるだけでなく，土壌の中の微生物や小動物が死んでしまう．死んでしまうと重金属を中心として有害汚染物質が土壌中に残るようになる．

　この有害な重金属が木の根に付着すると根が枯れてしまい，木は根から養分を吸収できなくなる．養分を吸収できないと木の成長が止まり，気象の変化や害虫に対して弱くなり，木の先端の梢の葉から枯れる．木が枯れて，豊かな森林の山が禿山となると，水源地が荒廃し，斜面崩壊などの土砂災害が起き，下流で水害が発生する．

　ドイツの70万haにおよぶドイツのシュバルツバルト（黒い森）では，土壌が酸性化して，針葉樹を中心として約半分の森林が被害を受けた．旧東ドイツとポーランドとチェコにまたがる標高千数百mのエルツ山脈やスデート山脈の山地では，3国が公害防止設備のない工場を自国の辺境に押しやった結果，"黒い三角地帯"の異名

図8.1 黒い三角地帯

をとる世界最悪の酸性降下物汚染地帯となった（図8.1参照）．降り注ぐ硫黄酸化物をはじめとする酸性降下物のために森林は傷めつけられ，針葉樹の96.2％が枯れてしまい，山は枯木で埋まった．

そして，酸性雨の被害と思われる樹木の枯死が世界各地で見られるようになった．わが国の土壌は酸性に強いとされ，被害はヨーロッパのような深刻さはまだないが，北米大陸の東部をはじめとして全世界に広がりつつある．

なお，森林破壊の原因は，①酸性降下物によるもののほかに，②燃料としての樹木の伐採，③農地拡大を図る土地開墾・焼畑農業などがある．

（3）足尾銅山鉱毒事件

足尾銅山は古い銅山であったが，明治時代となって外国の近代技術の精錬法を導入して近代化が図られ，日本最大の鉱山となった．

やがて，足尾銅山の煙突から出る亜硫酸ガスは周辺の山林に影響を与え，鉱毒の煙害で山の木は枯れるようになった．山の峰を一つ越えた隣接する中禅寺湖畔や日光周辺のうっそうとした森林とあまりにも大きな違いのある状況となり，煙害のためにいくつかの村が廃村となって消えた．山々は一木一草もない禿山となり(図8.2参照)，山骨露出し漸次剥落して岩石の崩壊を来し，降雨のたびに土砂が流出するようになった．

長期間にわたる足尾銅山を原因とする鉱害により山々の表土が洗い流された．この緑を回復させる対策として，渡良瀬川流域の治山治水の砂防事業が行われるようになり，100年経った現在でも多額の税金が投入されている．

図8.2 荒寥たる栃木県足尾町の山々

　一方，一昔前の河川の治水対策は，渡良瀬川も，ナイル川などの世界の河川も皆同じで，洪水を周辺の低地の水田にあふれさせて遊水池として利用し，洪水の去った後に自然と水田から水が流出する方法を用いた．この手法では上流の水源地帯の山林に堆積した腐葉土・游泥などの肥土，つまり天然肥料が流れてきて，水とともに下流の水田地帯に堆積して潤し，肥料の代わりをしていた．

　足尾銅山の排水に含まれる精錬に伴うヒ素や硫酸銅などの鉱毒の有害汚染物質は下流の渡良瀬川を汚染し，川魚類は絶滅した．加えて，周辺の低地の水田は洪水の遊水池であったことから，洪水の泥土に含まれていた有害汚染物質が水田に堆積して農作物は枯れてしまい，その後に植えたものも育たなかった．このために数村が廃村となり，その跡地に渡良瀬遊水池が設けられた．

　足尾銅山は閉山したが，鉱害の爪痕だけは残されたままとなった．

（4）湖沼の生態系の破壊

　長年にわたって酸性降下物があると，湖沼の水が酸性化して，プランクトンなどが発生せず，これをエサとする小魚が生きられず，したがって小魚をエサとする魚類が死滅する．また，上述したように重金属が土壌の中に増えると，これが降雨によって流出し，河川を通って湖沼に入り，湖沼に生息する魚類のエラに付着する．これでは魚が呼吸できなくなって死んでしまう．スウェーデンでこのようにして湖沼の生態系が狂って魚類が死滅した多くの例がある．

（5）農作物の被害

　酸性降下物が直接木の葉や草に付着して病気になったり枯れてしまったりする．米や麦などの農作物も同じで，成長が悪くなって被害を受ける．

(6) 構造物の被害

ドイツのケルンにある大聖堂（図8.3参照）は，ゴシック様式を誇るドイツ最大の寺院建築物で，1248年から630年もの歳月を費やして完成した中世のルネサンス文明を代表する建物である．1985年に，酸性雨が石材の間を通って裏に廻り，建築材料の石灰岩や砂岩に予想以上の二酸化硫黄が含まれていることがわかった．同じドイツのノイシュバンシュタイン城は，大気汚染がないことからケルンの大聖堂と同じ石材を使用しながら，なんの被害も受けずに白みを帯びた荘厳な様相を見せている．なお，ギリシアのアテネにある古代のパルテノン神殿の石も風化が進んでいる．

図8.3 ドイツのケルンの大聖堂

コンクリート構造物に酸性雨が染み込んだ場合に，モルタル部分が融けて流れ出して"つらら"のようになる．これを"酸性雨つらら"という．なお，建築物や鉄塔などで，外気にさらされている金属類は酸性により腐食する．

8.3 地球の温暖化

(1) エネルギーの収支

太陽エネルギーは平均して $0.33\,\mathrm{cal/cm^2/s}$ 絶えず降り注ぎ，可視光線（光）として地球に到達し，植物の光合成に使われるほか，陸地や海面や大気をも暖めて大気流や海流を動かすエネルギーとなっている．そして，大部分は地表からの輻射熱である赤外線（熱）として宇宙空間へ捨てられる．これでは地球の平均地上気温は零下18℃になってしまい，氷に覆われて生物の生きられない星となっているはずである．

地球の大気中に存在する成分の大部分は窒素（N_2）と酸素（O_2）であるが，いずれも可視光線や赤外線をも通す性質がある．しかし，大気中の二酸化炭素（炭酸ガス，

CO_2）と水分（H_2O）は，波長の短い可視光線（光）を通しても，波長の長い赤外線（熱）を通さないで吸収する．これらの作用は光を通しても熱を逃がさない温室のガラスと同じ作用をすることから温室効果とよばれる．この温室効果のおかげで，地球の平均地上気温は33℃高くなって，現在の15℃となっている．つまり，二酸化炭素の存在が地球の気温を一定に保ち，生物の生存に適した変動の少ない温暖な環境にしているのである．地球の生物の多くは温室効果がなかったら誕生しなかったとされている（図8.4参照）．

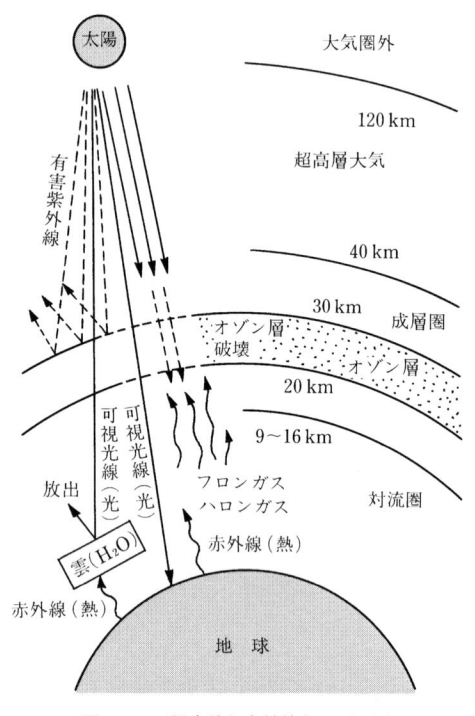

図8.4 可視光線と赤外線とオゾン層

逆に，温室効果が行き過ぎると生物が生存できない．金星は大気の93～97％は二酸化炭素であって，表面の温度は422℃にも達している．

温室効果の行き過ぎを調節する機能のあるのは海洋である．幸いにして，地球は地表の2/3が海洋で覆われていて，気温の上昇にともなって二つの作用をする．一つは海面から大量の水蒸気が発生して上空に雲をつくり，この雲が太陽光線を遮って地表の温度上昇を防ぐ．もう一つは海水の温度が上昇して海洋の二酸化炭素を溶解する能力が増え，大気中の二酸化炭素を吸収する．海中に吸収された二酸化炭素は炭酸カル

シウムとして沈澱するほか，海水中の植物プランクトンは光合成によって二酸化炭素を体内に取り込む．

（2）二酸化炭素（炭酸ガス，CO_2）による温室効果

二酸化炭素は人類のほかに動物の呼吸により放出されるが，いちばん大きいのは人類が発見した火であり，燃焼により二酸化炭素が生じる．大気中に存在する二酸化炭素はわずか約 300 ppm（0.03％）であって，地上植物の光合成作用によって森林に吸収されるか，海洋に吸収されるかして，安定している．

地球上の森林は上述した原因で年々減少の傾向にある．一方，20世紀に入って化石燃料の大量使用で大気中の二酸化炭素の濃度は急上昇し，光合成のバランスが崩れて，海洋だけが二酸化炭素の吸収源となっている．しかし，増える二酸化炭素を一手に引き受ける能力は海洋にはない．

わが国では，人の呼吸による二酸化炭素の放出量は約 0.44 億トン/年，化石燃料の燃焼による二酸化炭素の放出量は約 8.9 億トン/年で，これに対して山林・草地・農耕地などの緑地で吸収される二酸化炭素の量は約 6 億トン/年で，自国で処理できない．世界中で放出される二酸化炭素の量は約 52 億トン/年で，約 1 トン/年/人となっており，そのうち 50％強が毎年処理できずに大気中に溜まり，二酸化炭素濃度は毎年平均 1.3 ppm 増えているとされる．なお，わが国は放出する二酸化炭素の量を約 3.2 億トン/年とする目標を立てている．

大気中の二酸化炭素の濃度は，BC 16000 年頃では 200 ppm と推定され，産業革命の前は 265～285 ppm であった．しかし，1958 年に 313 ppm，1991 年に 358 ppm と増えた（図 8.5 参照）．国連環境計画（UNEP）では 2030 年に 410 ppm に達するとされている．

二酸化炭素の濃度が 500 ppm（0.05％）ぐらいまでは人類への生理的被害はない．しかし，大気中に二酸化炭素の量が多くなると，太陽から地球に熱エネルギーは到達するものの，地球から出る熱エネルギーは大気中に蓄えられて発散せず，炭酸ガスに

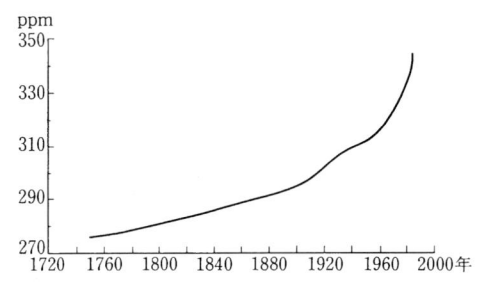

図 8.5　南極の氷コア中の気泡の分析から得られた二酸化炭素（CO_2）濃度の増加傾向

よる温室効果で気温が上昇する．

対策として，石炭を使う工業用ボイラーなどの脱硫対策のほか，生物反応や化学反応を利用した二酸化炭素の固定や有効利用などの技術開発しかない．

なお，温室効果に影響を与える物質は二酸化炭素以外にもメタンガスなどがあるが，温室効果の原因の半分は二酸化炭素であるとされている．

（3）地球の気温上昇

地球の平均地上気温は現在約15℃であるが，地表に入射する太陽光線が1％変化すると約1.5℃変化する．約100年前に比べて現在は0.5℃，高中緯度地帯で1～2℃，北半球の冬の温度は3～4℃高くなっている．

温室効果による気温上昇は，緯度が30～70度の高中緯度地帯で大きくて夏よりも冬に著しいとされている．北半球の温帯地域では二酸化炭素の濃度が370 ppmに達すると，平均気温が2～3℃上昇し，緯度で7～8度南の地点と同じ気温となる．550 ppmに達すると，平均気温が4～6℃上昇し，緯度で15度南の地点と同じ気温となる．わが国では東北地方の気温が現在の沖縄の気温と同じとなり，北極や南極では10℃以上も高くなる．

温室効果によって気候が変化すると，同じ状態が1,000年以上も長期間続くとされている．現在地球の温暖化は着実に進んでおり，その兆候を述べる．

1）モスクワでは半世紀前に比べて平均気温が2.7℃も高くなった．
2）氷河が海に達して切り離された氷塊が溶けることによると思われる海面上昇が20世紀に入って観測されている．
3）北米アラスカのツンドラ地帯の地表下の温度は100年前に比べて2～4℃も高くなっており，北極圏の陸地では永久凍土が解け始めている現象がある．永久凍土が融けて土地が陥没し，家は傾くなどの被害が出ている．

図8.6　カナダのコロンビア大氷河

4）北米アラスカの延長130kmもあるハバード氷河は過去85年間に年間約60m動いていたが，1988年に1日最大14mの速さで動き始めた．同じアラスカのバレリー氷河も1日最大34mの速さで動き始めた．カナダのコロンビア大氷河も動いている（図8.6参照）．

（4）温暖化による降雨状況の変化

地球の平均地上気温が2～3℃でも温暖化すると，5.1節で前述したノアの洪水のような状況が出現すると想定されている．

1）高緯度の北極と南極および低緯度の赤道付近で降雨量が増える．
2）中緯度地帯では逆に降雨量が減って乾燥する地域が生ずる．
3）気温が上昇すれば海面温度も上昇し，大気の対流が激しくなって，雨の降り方が熱帯的となり，集中豪雨が多くなるとともに，台風が巨大化する．
4）赤道に近いサハラ砂漠にモンスーンの雨が降って砂漠は草原に変わる．
5）ヨーロッパや北米大陸は乾燥気候となって干ばつとなる．
6）日本列島では雨量が増加し，降雨特性や流出特性などが変化する．洪水が増え，河川への流入土砂量が増えて河口に土砂が堆積し，氾濫範囲の拡大，湛水深の増大，湛水時間の長期化，新たな地域での災害が発生する．
7）4.5℃温暖化した場合には，巨大台風の規模は中心気圧800hPa，最大風速100mで，現在の最大台風の1.5倍の規模となるという．わが国の家屋や橋梁は最大風速60mで設計されており，被害は大きい．

8.4　海面上昇

地球の気温が上昇すると，海洋が大気中の熱を吸収して海水が熱膨張して（自然膨張という）地球上の全海面が上昇する．気温が3℃上昇すれば熱膨張だけで海面は約1.5m上昇する．そのほかに，気温の上昇により南極大陸やグリーンランドなどの極地を覆っている氷が融けて海に流出し，その分だけ地球上の全海面が上昇する．南極大陸を覆っている氷の厚さは平均約1,600mもあり，もし全世界で氷が融けるとすれば，海面は70m上昇する．

（1）河川・地下水の塩水化

海面の上昇により，海水が河川を逆流して内陸の奥深くまで侵入し，農業用水に塩分が混じり，地下水の塩分濃度も上昇し，農作物の収穫量が減少する．

（2）沿岸低地の水没による国土の減少

海浜勾配を1/10として護岸などがないと仮定し，1mの海面上昇があるとすると，海岸線は数km後退し，河口デルタや湿地帯は水没する．それは，

1）世界中で4,000万世帯が家を失う．
2）オランダなど沿岸部に人口や資産が集中している国の影響は大きい．イタリアのベニス（ベネチア）はすでに海面上昇により水没しつつある．
3）エジプトのナイル川河口では耕地の15％が水没して530万人の人々が住む土地を奪われる．
4）東南アジアなどの大河川の沖積平野やデルタ地帯などは，水田などの肥沃な耕地であり，魚や海老の養殖場となっているが，これらが全滅する．
5）低湿地の多いバングラディシュでは，国土の10％が水没して850万人の人々が住む土地を奪われる．
6）珊瑚礁でできた海抜最高2mしかないインド洋のモルジブや南太平洋のトンガなども島全体が水没する．
7）日本列島は国土の13,600 haを消失する（表8.1参照）．

表8.1 海面上昇によるゼロメートル地帯の拡大（日本の場合）

	面積 (千・km^2)	人口 (百万人)	戸数 (百万戸)	資産 (兆円)
現状	1.2	3.2	0.6	36
0.5 m 上昇した場合	1.9	4.6	0.8	49
1.0 m 上昇した場合	2.9	7.0	1.3	73
1.5 m 上昇した場合	4.2	9.8	1.8	103

8）1.5 mの海面上昇では，日本列島の120,000 haの海抜ゼロメートル地帯（5.2節参照）は420,000 haに拡大する．

（3）海岸侵食による海岸災害

1）砂浜は波浪を和らげる機能をもっているが，海面上昇のために砂浜の海岸侵食が激しくなって海岸保全が難しくなる．
2）崖や山地や丘陵が直接海に接している海岸では，海面上昇により，安定していた崖や斜面が新たな大規模な侵食を受けるようになる．
3）山地の植生変化などにより河川からの土砂供給量が減少し，また漂砂の供給源となっている海岸の地表状況の変化などから，海浜が後退する．
4）地下水の上昇により，海岸では地すべりや崖崩れが発生しやすくなる．
5）珊瑚礁の上方成長速度は年間8 mmで，海面上昇速度が上回ると珊瑚礁が沈水し，珊瑚礁の天然の海岸防護能力はゼロとなり，逆に侵食される．
6）海岸侵食の結果，熱帯・亜熱帯の潮間帯のマングローブ林が破壊され，マングローブ林の海岸保全機能が損なわれる（図8.7参照）．

図 8.7 沖縄県西表島のマングローブ林

（4）高潮の被害増大による海岸災害
1）台風や波浪の状況変化が起きて，潮位や津波などの海象条件が変わり，高潮が頻発するだけでなく規模が増大する．
2）海抜ゼロメートル地帯では未曽有の大災害が予想される．
3）河川や海岸の防潮堤と防潮水門や排水ポンプなどの排水施設により洪水や高潮による災害を防いでいるが，内水氾濫や排水不良が発生する．
4）上記の施設の増強を図るほか，港湾施設の改善，下水道施設の補強，沿岸に立地している発電所の改善など，巨大な追加投資を必要とする．

8.5 フロンガス等によるオゾン層の破壊

（1）フロンガス（CFC）およびハロンガス
　フロンガスは人が作り出した人工のフッ素化合物ガス（塩素とフッ素と炭素の化合物）で，クロロフルオロカーボンとよばれ，記号はCFCが用いられる．二酸化炭素と同じく赤外線を吸収する働きがあり，温室効果の影響は二酸化炭素より大きく，1万〜10万倍の働きをする．融点と沸点が著しく低く，不燃性であり不爆発性であり，無色無臭で人体に無害であり，化学的に安定で分解されず毒性もなく反応性もなく，人が作った究極の化学物質といわれいる．ハロンガスも同じく人工化合物（臭素とフッ素と炭素などの化合物）で，いずれも，大気中へ噴射されると，海水にもほとんど溶けず大気中に残留し蓄積する．

（2）オゾン層
　地球を包む大気のうち，地表に近い対流圏では，暖かい地表で暖められた空気と冷たい上空の空気とがかき混ぜられて大気の循環などの気象現象が起きる．対流圏の上

にある成層圏では上空ほど暖かいために大気の循環つまり対流はほとんど起きない．この成層圏の 20〜30 km 付近で，酸素分子 O_2 の光分解によりできた酸素原子 O が別の酸素分子 O_2 と結合して濃度の高いオゾン O_3 層が作られる．主として赤道上空で生成してゆっくりと北極や南極に向かう．

（3）紫外線

宇宙空間には地球の生物に有害な宇宙線や紫外線などがあふれているが，成層圏のオゾン層が，降り注ぐ紫外線を吸収して通過させない働きをしている．

オゾン O_3 は紫外線を吸収したり塩素や一酸化窒素などと反応して消滅するが，オゾン O_3 は生成と消滅を繰り返して，地球全体では量的にバランスがとれている．

（4）フロンガスおよびハロンガスと紫外線の反応

対流圏に存在するフロンガスおよびハロンガスは反応性がないために，対流圏の中を漂いながら最終的には大気上層の成層圏に達し，オゾン層を超えると紫外線にさらされる．フロンガスの場合は，紫外線と光化学反応を起こして，フロン分子から塩素原子 Cl を生成し，この塩素原子 Cl がオゾン O_3 と反応して，3 個の酸素原子 O からなるオゾン O_3 分子の 1 個の酸素原子 O をもぎ取って塩化酸素 ClO となり，オゾンが減少する（前掲の図 8.4 参照）．

$$Cl + O_3 \rightarrow ClO + O_2$$

そして，できた塩化酸素 ClO は，またすぐに酸素原子 O と反応して塩素原子 Cl に戻るために，いったん成層圏に到達した塩素はオゾン O_3 を破壊し続ける．

$$ClO + O \rightarrow Cl + O_2$$

ハロンガスの場合も，紫外線に光化学反応を起こして臭素原子が生成される．成層圏での臭素は塩素の 10 倍ものオゾン破壊能力があるとされている．

（5）オゾンホールの出現

南極大陸の冬は太陽の光が全然届かない極夜で，南極大陸からの輻射熱もなく，気温は零下 90 ℃にも下がる．このような"極渦"の低温では，成層圏大気中の水蒸気や硝酸 HNO_3 等が氷晶となって極成層圏雲（氷雲）が生じる．

ClO と NO_2 が結合してできる塩素貯蔵物質 $ClONO_2$ は，比較的安定した物質で，普通はオゾン層破壊に無関係であるが，上記の発生した極成層圏雲の氷晶面で，HCl または H_2O と反応して，Cl_2 または HOCl を生成する．

$$ClONO_2 + HCl \rightarrow Cl_2\uparrow + HNO_3$$
$$ClONO_2 + H_2O \rightarrow HOCl\uparrow + HNO_3$$

冬の間に生成された Cl_2 および HOCl は，春になって南極に届くようになる太陽光によって分解されて塩素原子 Cl を生じ，この塩素原子 Cl によってオゾン層が破壊され減少する．人工衛星による観測によれば，南極大陸を覆うようにオゾン O_3 の減少

地域が出現していることが判明し，この減少地域をオゾンホールとよぶようになった．そして，オゾンホールは拡大の傾向にあるが，オゾンO_3の減少空域は南極などに偏っていて，フロンガスやハロンガスを放出した国の空域ではなく，汚染と被害の実態にはずれがある．

（6）オゾン層破壊による影響とその保護対策
オゾン層破壊によって増加する紫外線の影響を下記に述べる．
1) 海面近くのプランクトンや魚などを死滅させて海での食物連鎖を滅ぼす結果，海中に吸収される二酸化炭素が減って大気中に蓄積される．
2) 植物の育成を阻害して農産物の生産が落ち，葉緑素を破壊するので，樹木の光合成能力が低下して二酸化炭素の吸収と酸素の放出が少なくなる．
3) フロンガスの2乗に比例して皮膚ガンが増加する．皮膚ガンは日光の強い低緯度地帯で屋外で体を露出している場合に発生しやすく，白人に多い．
4) 人体の免疫系を変え，目に障害を与え，白内障の危険が生ずる．

対策は世界的に規制しない限り効果はなく，国連環境計画（UNEP）に基づき，わが国では昭和63年（1988年）に「特定物質の規制等によるオゾン層の保護に関する法律」通称"オゾン層保護法"が制定された．

8.6　原子力と放射能

（1）自然界の放射能と放射線
宇宙には放射線である宇宙線があふれ，宇宙線にはいろいろな放射能があって，紫外線とともに人をはじめとする生物にははなはだ有害とされている．地球の創成時には宇宙線によって地球上に大量の放射性物質が存在するようになり，地球上の放射能はきわめて高かったと推定されている．しかし，その後に地球の上空にはオゾン層ができて，これら有害な放射線や紫外線を防ぐようになって生物が誕生できるようになったが，太古に受けた放射線の影響がまだ残っていて，地球上の生物は宇宙と地球上の線源から絶えず放射線を受けている．しかし，現在は低レベルに低下していて生物への影響は小さい．

約46～47億年とされる地球の年齢に比べて，放射性壊変の半減期が短い物質は，現在は放射能が消滅している．しかし，半減期が長い物質もあって，放射線を出しながら別の物質に壊変しており，これらの物質は現在も地球上に広く存在している．その代表例がウラン238やトリウム232などであり，壊変の過程でラジウムやラドンなどの物質を作っている．このほかに，カリウム40などもある．

このように，自然界は放射性物質と放射線にあふれている．

（2）原子力と放射線の利用

わが国の原子力発電は全発電量の約30％に達している．フランスは，①原子炉の製造，②核燃料の精製，③再処理を行う再生産業の三つの核産業分野では世界一を誇っていて，フランス国内の全発電量の約75％は原子力発電となっている．このほかの放射線の利用としては，非密封のアイソトープあるいは密封された容器に入ったアイソトープを利用する場合などがある．

（3）原子力発電所の核廃棄物

原子力発電所では，ウラン燃料が原子炉の中でエネルギーを出す結果，副産物のゴミとして，下記に述べる三種類の放射性物質である核廃棄物が出る．

1) 放射性気体廃棄物：放射性気体廃棄物による放射線の影響は自然界にもともと存在する放射性物質などに比べて小さいが，実際には放射線分解生成物である水素を除去したり，核分裂反応の生成物である希ガスの放射能を減衰させた後に排気筒から自然界に放出することによって問題は起きない．

2) 放射性液体廃棄物（放射性汚染水）：放射性液体廃棄物は，低レベル放射性廃棄物であっても，1990年に締結されたロンドン・ダンピング条約で直接海洋投棄が禁止され，放射能濃度や水質の違いなどに応じて，蒸発濃縮，イオン交換，濾過などの処理をした後で放水口から海へ放出されるようになっている．

3) 放射性固体廃棄物：放射性固体廃棄物は生物の生命に危険性の最も高い放射性物質の廃棄物である．放射能が絶え間なく出ており，しかも，放射能は目に見えないばかりでなく，何百年何千年にもわたって力を失うことはない．放射能にさらされると，身体の細胞を傷つけたり，健康を害したり，ガンなどの原因となって，生物は死を招くこともある．

（4）核廃棄物の処理

核廃棄物は厳重に安全に貯蔵所で保管貯蔵される．わが国では，平成2年（1990年）に，青森県六ケ所村の低レベル放射性廃棄物の300年埋設計画が始まっている．

原子炉で使用済みの核燃料の処理は，そのまま処理する場合と，使用済み燃料中のウランおよび核燃料サイクル開発によるプルトニウムを回収し再処理して，リサイクル利用して再び原子力発電の燃料として使用し，残りの再処理廃棄物だけを処理する場合とがある．原子力発電所から出る放射性廃棄物を処理する施設は日本にはなく，イギリスやフランスに送られて再処理される．

再処理された廃棄物でも放射能は高い．放射性個体廃棄物のうちの最も高レベルの放射性廃棄物は，処理の過程が危険過ぎるとしてガラス状に固体化してステンレスのドラム缶に入れて，安全な状態で30年〜50年または永久に保存される．中レベルと低レベルの廃棄物（放射能に汚染した器具や作業服も含まれる）は焼却したり圧縮し

て体積を縮め，セメントやアスファルトやプラスチックで固め，ドラム缶に入れて保存される．低レベルの廃棄物でも海洋投棄は上述のように国際条約で禁止されており，また埋立も適切な監視のもとにおかれる特別な埋立地に限定される．

なお，これらの核廃棄物の最終処分方法はまだ決まっていない．

8.7 放射能汚染

オゾン層破壊による宇宙線や紫外線に加えて，放射線の影響は，被爆して短時間で確認される障害のほかに，数年から数十年の潜伏期の後に現れる白血病やガンなどの晩発影響の障害がある．汚染地域ではガンの発生の危険性は高く，遺伝するとされている．

(1) 放射能汚染事故

昭和29年（1954年）3月16日，東京築地魚河岸で，アメリカの水爆実験の死の灰を被った第5福竜丸より水揚げされたマグロから強い放射能が検出されて，マグロは破棄された．

1987年に，ブラジルのゴイアニアで，古い病院の取り壊し工事の際に，放射性物質であるセシウム137の入った小さな薬ビンが壊れて，放射能汚染事故となった．243人が放射能に被爆し，2人が死亡した．

(2) スリーマイル島原子力発電所事故

1979年3月28日，アメリカのペンシルバニア州の州都ハリスバーグの南東に位置するサスケハナ川の中州のスリーマイル島にある原子力発電所で，四つある原子炉の2号炉で事故が発生した．加圧水型95万9千kwの冷却水ポンプが故障し，緊急炉心冷却装置が働いたが，運転員が判断を誤って冷却ポンプを閉じたことにより事故が発生した．原子炉が空だきのような状態になって燃料棒が壊れ，大量の放射性物質を含む蒸気が外部に漏れた．直ちに周辺の住民約200万人に避難勧告が出た．人への直接被害はなかったが，原子力発電史上最大の事故であった．事故を起こした2号炉は当時のままでコンクリートなどで固結された．

(3) チェルノブイリ原子力発電所事故

1986年4月26日，旧ソ連邦のウクライナ共和国の北端でベラルーシー共和国との国境に近いチェルノブイリ原子力発電所の4号炉炉心で爆発事故が発生した．広島・長崎への原爆投下時の約200倍にも達する放射性物質によって，600 km^2 にもわたる広大な地域が放射能汚染され，約500万人が被爆したが，旧ソ連邦政府は事故発生を秘密にしていた．

最初に大気の放射能値が高くなったことを気付いたのはスウェーデンの原子力発電

所で，ヨーロッパ中で大騒ぎとなった．セシウム137が世界中に広がり，ウクライナ共和国だけで，死者4,300人とされているが，実際は5万人といわれ，健康に影響の出た人は350万人にも達するという．

事故の原因は当初緊急冷却装置の操作を間違えたためとされたが，本当の原因は設計ミスで，1983年12月に運転開始したときから，いつ事故が発生しても不思議ではないとされていた．事故後にチェルノブイリ原子力発電所周辺の40万人の人々は住家を失い土地を捨てて退去し，家畜や穀物はすべて廃棄された．そして，事故を起こした4号炉原子炉はコンクリートで固結され，表土は取り除かれて危険な廃棄物として放射能が安全なレベルに下がるまで保管処置がとられた．

しかし，放射能に汚染された地域は当初に想定されたよりも広大で，現在汚染地域には780万人も住んでおり，事故後10年経っても土地や食物などから放射能が検出される．被害はウクライナ共和国よりもベラルーシー共和国の方が大きいとされている．そして，旧ソ連邦の原子力発電所のうちの26基は，チェルノブイリ原子力発電所と同じく危険な状態にあるとされ，チェルノブイリ原子力発電所も電力不足のために残りの原子炉で現在も稼働している．

（4）放射性廃棄物の海洋投棄

1993年にロンドン・ダンピング条約は改正されて，すべての放射性廃棄物の海洋投棄は全面的に禁止となった．しかし，ロシア連邦（旧ソ連邦）は平成5年（1993年）10月に日本海で放射性液体廃棄物を投棄しているところを環境保護団体グリーンピースにビデオ撮影された．また，ロシア連邦は北極海のバレンツ海へ，7,523 m^3 の放射性液体廃棄物と，21,000 m^3 の放射性個体廃棄物に加えて，3万バレルの放射性燃料ならびに，原子力潜水艦の原子炉の炉心などまで投棄しているとされている．このように，ロシア連邦は自国の周辺海域で放射性廃棄物を投棄していることから世界の非難を浴びた．

（5）原子力発電所の立地条件

原子力発電所を建設する場所は，地震をはじめとする災害に備える防災の見地から，下記の条件を満たす必要がある．
1）広い敷地があること．
2）直下に活断層がないこと．
3）発電所の重要施設を直接固定するための堅固な岩盤が地下にあること．
4）発電所で使う冷却用の大量の水（海水）が確保できること．
5）建設のための巨大な資材を海上輸送によって敷地内に運び込めること．

（6）高速増殖炉

わが国の発電用原子炉のうちの1基は，ウラン資源を十数倍に有効利用できるプル

トニウムを使用する動力炉・核燃料開発事業団の高速増殖炉"もんじゅ"（敦賀市）である（図8.8参照）．平成7年（1995年）12月8日にナトリウム漏れという事故を起こし，大事には至らなかったが，いろいろな問題を提起した．

図 8.8 原子力発電所・高速増殖炉 "もんじゅ"（福井県敦賀市）

第9章 防災都市計画

9.1 都市計画における防災手法

　都市計画事業による都市を防災構造とするための手法として，①土地区画整理事業，②市街地再開発事業（都市再開発事業），③新市街地開発事業（新都市開発事業）などがあり，①街区の整備，②公共施設の整備，③建築物の不燃化などが図られる．火災が発生しても，その延焼を食い止めるための遮断帯となるように，広幅員街路，都市公園，都市緑地などが設けられる．また，公共施設の避難場所としての整備が図られる．

（1）土地利用面での対策

　土地利用に関する計画および許認可権に基づく開発行為の規制などにより，下記に述べる計画的手法がある．

1）水害予防に重要な保水機能および遊水機能の保全を図る．
2）市街地は全部防火地域または準防火地域に指定して不燃化を図る．
3）活断層周辺は都市公園や都市緑地として利用する．アメリカのカリフォルニア州では活断層の周囲幅 300 m 以内は 3 階建以上は禁止としている．
4）用途地域の指定によって危険物取扱事業所を住宅地から排除する．
5）特別用途地区指定による土地利用の純化を推進する．
6）一定の敷地には高木を植えることを義務付ける．
7）低い建ぺい率で隣家との間隔を開ける．

（2）都市施設の整備

　都市を防火構造化し，防災都市とする中心的手法を下記に述べる．

1）市街地は広幅員街路を用いて地区を分断するとともに，防火帯として延焼遮断効果を図る．防火帯となり得る広幅員街路とは 20 m 以上の広い幅員を有するとともに，緑豊かな街路樹を必要とする（図 9.1 参照）．
2）防火帯となり得る広幅員街路は火災時に避難路と緊急輸送路となる．
3）都市の道路率は 30 ％ 以上が望ましい．

9.1 都市計画における防災手法　**149**

図 9.1　緑豊かな街路樹は延焼遮断効果がある

4）都市公園や都市緑地の整備によって防火帯とするほか，緊急の場合の避難路や避難場所とし，防災拠点としての整備を図る．なお，都市公園や都市緑地には塀を作ってはならない．緊急時に障害となる（図9.2参照）．

図 9.2　塀のない都市公園

5）地形上恒風のある地域では，風上地点で出火すると大火になる危険性がある．風上地点には防火と防風林を兼ねた都市公園や都市緑地を設ける．
6）都市施設として必要のない工場や寺院や墓地などを郊外へ移転して，跡地を広場や都市公園や都市緑地などのオープンスペースとする．
7）災害時に学校や都市公園のプールの水は消火用水にも使われるが，避難所となった場合に，生活用水として利用する目的でプールには浄化機能を付加することが望ましい．ポリプロピレンのフィルターに通し，25 µm 以上の不純物を除去し，塩素を用いて滅菌して用いる．さらに活性炭フィルターで処理して飲料水として用いる

とよい．
8) 消火用水として，普通の上水道のほかに災害用の高圧水道も設ける．
9) 古井戸は蓋をして残し，災害時の緊急水利や飲料水として用いる．また，避難所に当てられている公共施設には緊急時用として井戸を掘り，非常用電源を設けるか，手押しポンプ式の井戸とする．
10) 防火水槽の整備を図るだけではなく，都市下水路や用水路などの自然水利を緊急水利の防火用水として使用可能な構造とする（図 9.3 参照）．

図 9.3　緊急水利の防火用水にもなる都市下水路（荒川左岸排水路）

11) 都市河川や下水道などの整備による洪水の排除を図る．
12) 災害時に学校や公民館や都市公園や都市緑地などの公共施設を避難所として用いる場合には，①活断層や水害危険地帯を避け，②建築物は耐震構造とし，③非常用の食糧や飲料水を貯蔵するために貯水槽と食料備蓄倉庫を設け，④毛布などの寝具を貯蔵し，⑤非常電源を設けるなどする．
13) 広さが 1,000 m² 以下の小さい都市公園は避難場所として適さない．
14) 市役所，病院，消防署，警察署などの防災施設は阪神大震災と同じ震度 7 でも安全な構造とする．
15) 学校を避難所として用いる場合には，学校の防災計画をたて，教職員の災害時のあり方も検討する必要がある．

(3) 防災都市と地域分断

都市においては防火帯である幹線街路によって地域が分断されることが多い．分断されると，地域としての一体感はなくなる．

分断される要素は幹線街路の車線数と全幅員による．車線数は往復 6 車線，全幅員は 30 m 以上の場合に地域が分断されることが多い．車線数の要素の方が強い．それ

は 6 車線以上の幹線街路の交通量は多くて交差点における信号処理が幹線街路優先となり，交差する区画街路からの横断が不便となるからである．交差点における幹線街路の直進車線を高架または地下として立体交差とすると地域分断のイメージが薄くなる．この際に直進車線が地下である方が地域分断のイメージをさらに薄める．

福井地震後の福井市は区画整理で市内の幹線道路である北国街道は幅員 12 m から幅員 20 m または 36 m に拡幅し，さらに中央通りは幅員 44 m に拡幅した．防災都市の目的を達成したが，地域分断をもたらした．逆にいえば，火事を遮断し防災都市とするためには，地域を分断しなければならないことになる．

（4）関東大震災（関東地震）後の都市計画

関東大震災の後，52 本の幹線街路の都市計画が立てられ，"昭和通り" や "靖国通り" などが実現した．鉄道は山の手線（現・JR）の環状化が大正 14 年（1925 年）に完成し，郊外開発のための小田急線が昭和 2 年（1927 年）に開通して鉄道整備が始まり，中央線沿線の郊外地の過密化が始まった．公園面積も 16％増え，ビルは煉瓦からコンクリート造りとなった．しかし，昭和初期の経済恐慌から予算は削減されて，幹線街路計画は大幅に縮小された．

9.2　都市街路の防災機能

街路は幅員構成や延長のほか，幅員と沿道の建物・街路樹の高さ・大きさとのバランス，つまり街路のプロポーションによって形づけられる．

（1）街路幅員

大通りなどと称せられる広幅員の街路は，風格のあるシンボル的街路であるとともに幹線防火帯を形成している．幅員 105 m の札幌の大通り公園，幅員 100 m の名古屋の久屋大通り・若宮大通りや広島の平和大通り，幅員 50 m の京都の御池大通り，幅員 44 m の東京の昭和通り・桜田通りや大阪の御堂筋，などの広幅員街路が代表例である．

外国の例では，幅員 70 m のパリのシャンゼリゼ通り，幅員 60 m のベルリンのウンター・デン・リンデン通り（図 9.4 参照）も同じである．

街路のまとまりや落ち着きをつくり出すためには幅員が 20 m 程度がいちばん望ましいとされ，防火帯としても 20 m の幅員が最小限必要とされている．これが沿道と一体となった景観を呈して地域に馴染んだ印象を与える．20 m より広い幅員とした場合には，歩道と車道との間や中央帯に広い植樹帯を設けて独立した空間とするとともに，樹木による防火機能の向上を図るとよい．

西宮市と神戸市を結ぶ街路の鳴尾・御影線は，芦屋市と西宮市にまたがる箇所にお

図 9.4 ベルリンのウンター・デン・リンデン通り

いて，芦屋市の春日町側は土地区画整理事業により幅員 15 m に拡幅されていて歩道もあった．しかし，西宮市の弓場町側は土地区画整理事業は未着工で幅員は 6 m しかなく，しかも周辺は戦後に建てられた木造住宅が多かった．阪神大震災のとき，芦屋市の春日町側は死者 5 人で，うち 4 人は建築後 35 年以上の住宅での被災であった．街路に沿って 26 本の電柱があったが，傾いたのが 5 本だけであった．西宮市の弓場町側は住宅が将棋倒しで倒壊し，20 人以上の死者を出しただけでなく，道路幅員は 6 m しかないために，全半壊した家屋がさらに街路を狭くし，電柱も 23 本のうち 14 本が破損したり傾いたりして，緊急避難に支障を来した．もし，火災が起きていたら消火活動にも支障を来して被害は甚大となったとされている．

（2）歩車道幅員比，アメニティ空間率

植樹帯を含めた両側歩道幅員 D_s の街路の全幅員 D に対する比率を歩道総幅員比といい，D_s/D で表す（図 9.5 参照）．中央帯を含めた場合にアメニティ空間率という．

風格のある幹線街路で防火帯の機能を求める場合には余裕ある歩道空間であることが望ましく，歩道総幅員比 D_s/D は 0.3 以上あることが望ましく，0.3〜0.5 が適当

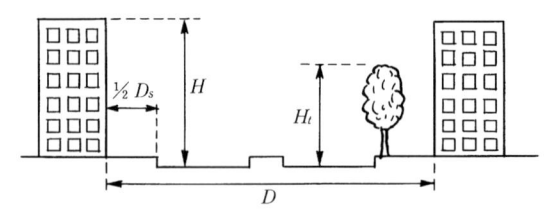

図 9.5 街路のプロポーション
(歩道総幅員比・アメニティ空間率ならびに街路幅員と沿道建物および街路樹の高さとの比)

とされ，往復2車線の街路では0.5前後が適当とされている．

歩道幅員には，防護柵，道路標識，電柱，バス停，歩道橋，地下入口などのスペースが必要である．自転車通行帯のほか，植栽により美観を高め個性を創り出すだけでなく，後述するように植樹による防火機能の向上を図るとよい．

(3) 建物高街路幅員比

沿道の建物高さ H の街路の全幅員 D に対する比率を建物高街路幅員比といい，H/D で表す（前掲の図 9.5 参照）．H/D が 1～1/3 程度が望ましく，1～2/3 程度がもっとも均整がとれている．この H/D が大きいと街路空間は閉鎖的となり，大火災のときに飛火の危険性のほか，建物が倒壊したときに街路を閉鎖して消防車などの緊急車両の通行を妨げたり，人々の避難路を塞いだりする．H/D が 1/3 以下となると，街路はだだ広い空間となるので，街路樹を複数列に設けて，植樹による防火機能の向上を図るとよい．

9.3 都市公園・都市緑地の防災機能

福井地震後の福井市では，災害時における都市公園・都市緑地の防災機能を再認識して，区画整理で市内の幹線街路を拡幅するとともに，100 ha につき近隣公園1箇所を設け，都市公園の面積は都市面積の3％から5％に拡大した．災害時における都市公園・都市緑地の防災機能を下記に述べる．

1) 公園・緑地の樹木は 6.3 節で前述した地盤の液状化を防ぎ，9.4 節で後述する"焼け止まり効果"で延焼を防ぐ機能を発揮する．
2) 地下に巨大な防火水槽を設けて，公園・緑地を消火活動の拠点とする．
3) 災害時に，行政の救援，物資搬入，集積基地，ヘリポート，仮設住宅申込所，自衛隊やボランティアの医療・給水・風呂などの救援基地とする．
4) 災害時に，行政による仮設住宅地とする．
5) 災害時に，テントやビニールシートを用いた一時的な避難地とする．
6) 災害時に，一時的ゴミ置場として使用する．

9.4 樹木の防災機能

樹木は都市に"良好な景観形成"と"快適な気候調節"を与えるものであるが，このほかに"緊急避難地""建物倒壊の防止""緊急避難路の確保""落下物防止""焼け止まり効果"という緑の防災効果がある．

地震に対して健全な樹木はびくともしない．健全な樹木とは剪定しないで，樹冠が

広がり，根は地中で深く広く張って大木になった場合であることが多い．地震のときには，これらの健全な樹木の根元に避難するとよい．"緊急避難地"となる．そして，直径 0.2 m の樹木は 1 m の高さで 1 トン以上の重さがかかっても転倒を防ぐ能力がある．直径 0.7〜1.0 m，幅員 6 m，高さが 10〜12 m ぐらいの高木は，木造 2 階建ての住宅の倒壊を支える．単木よりも列植が望ましく，"建物倒壊の防止"の役をなす．街路樹や庭木などの樹木は，街路上へ倒壊する建物を支えて被害を軽減し，"緊急避難路の確保"をする．

地震に伴って建物が倒壊するとともに，ガラスやタイルや壁材や看板などが落下して人々に被害を与える．建物の周囲の植え込みなどは，これらの落下物を受け止め，被害を最小限にとどめる"落下物防止"という効果がある．

ブロック塀よりも生け垣が望ましい（図 9.6 参照）．強風にあおられない限り，1 本の樹木や数 m の生け垣でも防火に役立つ．列植えが望ましいが，庭木のおかげで延焼を免れることも多く，フェンスに巻き付いたツル植物でも"焼け止まり効果"を発揮することがある．都市公園から裸地を減らし，植樹帯には地被植物を植え，緑道は河川や渚などとつながって生態的回廊を形成するようにする．ただし，植樹帯は延焼を防ぐが，周囲を火で囲まれた場合には，内部の敷地面積が 1,500 m^2 より広くないと内部は被害を被る．

図 9.6 生け垣

多くの都市で"市民の木"が設けられているが，古木は長期間にわたり風雨に曝され，それに耐えるために根を広げていて，地盤を強固なものとして防災に役立ってる．神戸市は昭和 51 年（1976 年）に"市民の木"という制度を設け，歴史があり環境にも貢献している古木や名木を指定した．約 200 本のうち，40 箇所で 47 本が指定され，阪神大震災では，これらの木に近い場所で倒壊の被害は少なかった．なお，阪神大震災で被害の大きかった神戸市長田区などの震災前の緑被率（樹木で覆われた面積割

合）は 2 ％以下であって，神戸市の六甲山系南側の市街地全体の 24.2 ％に比べて極端に低かった．

9.5 街路樹の配植設計

（1）樹高総幅員比
街路樹の高さ H_t の街路の全幅員 D に対する比率を樹高総幅員比といい，H_t/D で表す（前掲の図 9.5 参照）．数値の大きいほど防火機能が高いが，限度があって 0.2～0.8 が適当とされ，広幅員道路の場合に低くなる．

（2）植樹帯の構造設計
歩道の植樹帯の幅員は 1.5 m 以上とし，植栽の根方に植栽枡を必要とする．植栽枡は縦方向の長方形となることが多く，その幅員は普通の場合には 60 cm 以上で十分である．ただし，高木の場合には 150 cm 以上を必要とし，200～300 cm もあれば余裕を感じる．なお，街路樹が建物の倒壊を支え，防火機能を発揮するためには，街路樹の根を張ることが最も大切であり，そのためには，排水を良くし，滞水による街路樹の枯死を防ぐ必要がある．そのためには，植栽枡の周辺の歩道舗装は透水性舗装が望ましい（図 9.7 参照）．

また，植物には生育に必要な表土の最小深さと望ましい深さがあり，高木で前者は 90 cm，後者は 150 cm，中木で前者は 45 cm，後者は 90 cm，低木や芝や草花で前者は 30 cm，後者は 50 cm とされている．

図 9.7　街路樹の周辺は透水性舗装とする

(3) 配植形式
1) 独立植：1本だけを植えたものをいう．
2) 疎植：複数の樹木をばらばらと植えるものをいう．
3) 群植：複数の樹木を密に植えるものをいう．
4) 列植：複数の樹木を並んで植えるものをいう．

(4) 配植の基本原理
　街路樹は，生態学に沿って植物の生育環境を十分に考え，人工的に生活環境を豊かにする自然をつくるだけでなく，防災上の見地から樹高・幅員・樹木密度・枝葉密度などの設計が重要となる．その基本原理を下記に述べる．
1) 一般街路の歩道では，樹木は高木のみで，地表は芝や草花などを植える．
2) 歩道幅員がやや広い場合には，高木の2列植栽とする．
3) 広幅員の幹線街路の歩道では，緑量豊かな高木と整然と管理された低木とを組合せた2層構造とする．
4) 歩道幅員が十分にある場合には植樹帯は独立したものとする．
5) 生活環境を豊かにする見地から，図9.8に示す"造形いけばな"を参考にするのもよい．

図9.8　造形いけばな（松月堂古流山本美秋園作）

第10章 災害対策（救援救護体制）

10.1 世界の災害対策

（1）地震観測体制

　地震活動の多い国々では，地震監視や強震観測により，地震予知および地震防災技術の開発研究が行われている．日本，アメリカ，ソ連，中国などで多くの地震観測地点が設けられ，各種観測機器が設置されて，地震の発生機構の解明と地震の前兆現象の解明の努力がなされている．アメリカの地質調査所に所属する国立地震情報部（在コロラド州デンバー）では，アメリカだけではなく世界各地から地震観測結果を即時に集めて，地震の震源要素を定常的に決定し，その結果を世界の関係機関に配布している．イギリスの国際地震センター（在バークシャ州ニューバリ）でも世界各地から地震データを集めて震源要素やメカニズムを決定し，その結果を観測結果とともに月報として刊行している．フランスの国際地震局（在ストラスブール）も同じような活動をしている．

　このほかに，ニュージーランド，インド，イタリア，南米諸国でも地震計を用いて地震時の強震地動を測定し，耐震設計技術への貢献に努めている．

（2）アメリカの救援救護体制

　アメリカは1979年，連邦政府に緊急事態管理庁（FEMA）を設けて災害に迅速かつ集中的に対応する組織とした．この緊急事態管理庁（FEMA）は，大統領の直属機関で，職員数は約2,500人，連邦政府機関の緊急管理部門を統合し，州政府機関などとの協力をスムースにし，連邦政府の責任を一元化し，重複する行政費用を削減するものである．主たる任務は，情報収集，災害救助，医療，食料や水などの物資の搬入と調整，被災後の経済的な支援施策の実施となっている．

　2.5節で前述したロサンゼルスのノースリッジ地震では，地震発生4分後にはロサンゼルス市長に報告され，9分後には連邦政府の緊急事態管理庁（FEMA）長官が大統領に第1報を入れ，また地震発生1時間後に市長は緊急事態宣言を出し，地域対策本部が動き出した．緊急事態管理庁（FEMA）も午前6時に活動を開始し，午前9時

にはカリフォルニア州知事は緊急事態宣言を行い，午後には緊急災害対策法の適用を認め，復興費用の75％を連邦政府の財政資金で賄うことを決めた．ここまで10時間も要しなかった．そして，ロサンゼルスの地域対策本部から，警察，消防のほかに，電力会社，ガス会社に出動要請が出され，被災地域を中心に，①死傷者の確認，②救出，③建築物の倒壊状況調査，④ガス漏れ調査，⑤危険箇所への立ち入り禁止，⑥必要地域には緊急車両のための一般車両の通行止，などが実施された．

夕方には緊急事態管理庁（FEMA）長官が現地入りし，医療，仮設住宅の建設，飲料水・食料の手配と配布が始まった．住宅を失った被災者は20万人に達したが，約3/4は親類知人の家に身を寄せ，約1/4が避難所に入った．

カリフォルニア州当局は1日で危険度応急判定士を動員し，地震発生2週間で約55,000棟の建物検査を終えた．壊れた住宅のうち，地震保険に入っていたのは約1/4で，資力のない人もあり，街の一部はゴーストタウン化した．

10.2　わが国の災害対策の基本的枠組み

災害対策に関する業務は国と都道府県と市町村に分かれているが，自治体は近隣自治体との連携が重要視され，災害時の応援協定を結んでいることが多い．

（1）災害対策基本法

昭和34年（1959年）の伊勢湾台風の教訓から，総合的かつ計画的な防災行政体制を整備する目的で，昭和36年（1961年）に災害対策基本法が制定された．その主な内容は，①防災責任の明確化，②防災体制，③防災計画，④災害予防，⑤災害応急対策，⑥災害復旧対策，⑦災害などに対する財政措置，⑧災害緊急事態に対する措置である．基本方針は「国は国土並びに国民の生命，身体及び財産を災害から保護する使命を有することにかんがみ，組織及び機能のすべてをあげて防災に関し万全の措置を講ずる債務を有する」としている．

災害対策基本法に基づいて，組織として国レベルでは内閣総理大臣のもとに中央防災会議が設けられている．中央防災会議は国土交通大臣をはじめとする防災関係各省庁大臣のほかに，NHK，NTT，日本銀行，日本赤十字社の社長・総裁が加わり，防災基本計画の策定と，実施の推進と，防災に関する重要事項の審議が行われる．

阪神大震災では県庁や市役所も被害を被り，対応能力に欠けざるを得なかった．このようなときに国がトップダウンで対策を打ち出し即応対策をとることの必要性が痛感され，災害対策基本法の見直しが図られた．

（2）防災基本計画

中央防災会議では，総合的かつ計画的な防災行政の整備およびその推進を図るため

に，昭和38年（1963年）に，各種防災計画の基本となる防災基本計画が策定された．そして平成7年（1995年）に阪神大震災の経験を基にして改訂された．なお，風水害対策と地震対策が中心となっている．

その中身は，①防災に必要な体制の確立，②国，地方公共団体，JR，NHK，などの公共機関，および住民などの防災に関する責務の明確化，③中央防災会議による防災基本計画，行政機関・公共機関による防災業務計画，市町村防災会議による市町村地域防災計画などの防災計画の作成，④防災訓練，防火物質および資材の備蓄整備などの防災予防措置，⑤警報の伝達，出動命令，避難の指示，物質の収用，通信設備の優先使用などの防災応急対策，⑥自衛隊の災害派遣の効率化，⑦災害発生時の応急措置として，震度5以上の地震発生の場合には自衛隊の航空機が出動しての被災状況の確認，自衛隊の応急措置のための工作物の除去や土地の使用および警察官がいない場合の交通規制の権限，⑧災害復旧および防災に関する財政金融措置，⑨電力・通信の確保と交通輸送の迅速化，⑩その他必要な防災対策，などの事項が定められている．

以上を指針として，都道府県レベルでは知事のもとに都道府県防災会議が設けられて，都道府県地域防災計画が策定される．これに基づき「指定地方行政機関」および「指定地方公共機関」が実施の推進を計る．市町村レベルでは市町村長のもとに市町村防災会議が設けられて市町村地域防災計画の策定と防災業務の実施が行われる．

このように都道府県および市町村の防災会議は地域の実状に即して地域防災計画が策定されるが，東京都の地域防災計画の震災編では，①応急活動体制（本部の運営等），②情報の収集・伝達，③災害救助法の適用，④相互協力・派遣要請計画，⑤消防・危険物対策，⑥水防・津波対策，⑦警備・交通規制，⑧避難計画，⑨救助・救急計画，⑩医療救護計画，⑪飲料水・食料・生活必需品等の供給計画，⑫緊急輸送計画，⑬清掃・防疫・死体処理計画，⑭応急住宅対策，⑮教育・金融・労務計画，⑯ライフライン施設の応急対策，⑰公共施設等の応急対策となっている．

（3）大規模地震対策特別措置法

昭和53年（1978年）に，大規模な地震の予知情報が出された場合の防災体制の整備強化を目的として，大規模地震対策特別措置法が制定された．東京都区部，大阪市，名古屋市および大規模地震対策特別措置法に基づく地震防災対策強化地域において，震災時に住民の生命や身体の安全を確保するために，避難地ならびに避難路等の都市防災施設の計画的かつ効率的な整備を図る目的をもって，防災対策緊急事業計画が立てられている．これに基づいて，地震予知に向けた重点的観測地域が指定され，そのうちの神奈川・山梨・長野・岐阜・静岡・愛知県の167市町村にまたがる東海地方が地震防災対策強化地域として指定されている（図10.1参照）．

地震予知作業と警戒宣言が出た場合の体制づくりが主な内容となっており，警戒宣

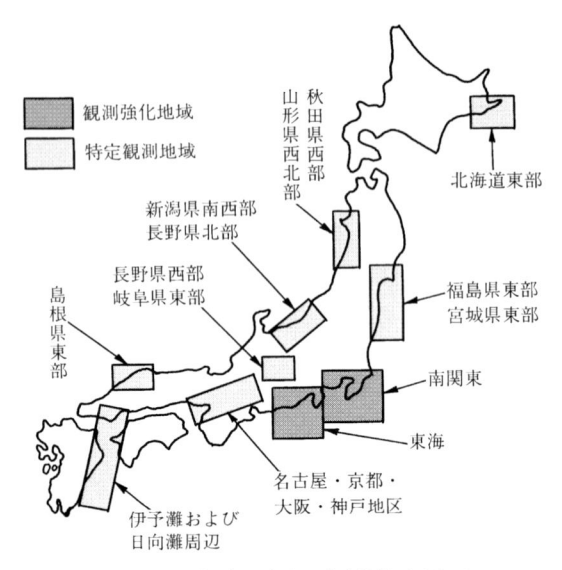

図 10.1　地震予知に向けた重点的観測地域54)

図 10.2　新幹線総合指令所（緊急事態のときには緊急停車の措置がとられる）

言が出されると列車は停止することになっている（図 10.2 参照）.

(4) 災害応急対策

　災害が発生すると，まず，その地域の市町村が対応し，必要に応じて市町村災害対策本部を設置して応急対策を実施する．さらに，災害の状況に応じて都道府県においても都道府県災害対策本部を設置して対策を推進し，都道府県知事は自衛隊の出動を要請することもできる．国においては災害の規模等を勘案して国土交通省に非常災害対策本部を設置して総合的な応急対策を推進する．これを図 10.3 に示す．被害の状況によっては災害救助法が発動され，災害弔慰金の支給等に関する法律が適用される．

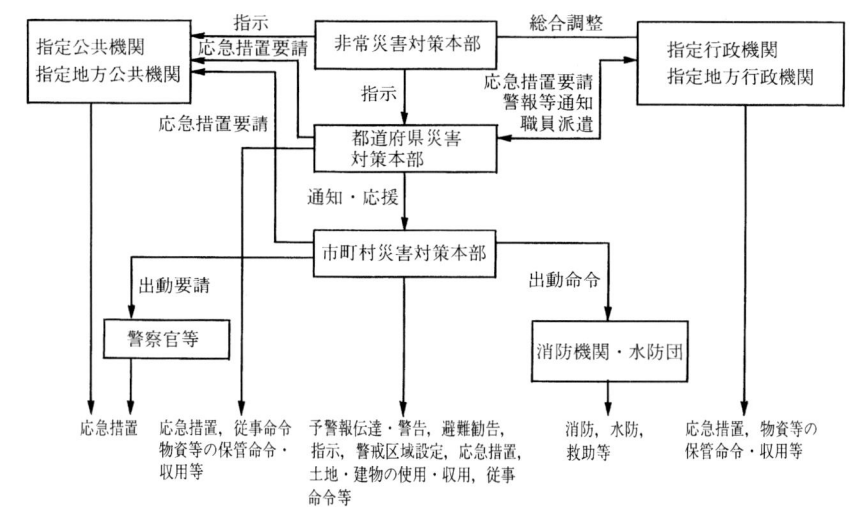

図 10.3 災害応急対策系統図[53]

（5）災害救助法

　災害救助法は被災者に対する応急的な援助を行うことにより，被災者の保護と社会秩序の保全を図ることを目的とし，被災地では救援救護活動が行われる．

　災害救助法の発動には被害規模による条件があり，たとえば人口5～10万人の都市の場合に，100世帯以上の世帯が全損にならなければ発動されない．半損は0.5世帯，床上浸水は0.33世帯と計算される．なお，1.1節で述べた火災や爆発事故は人為的事故，つまり人災であって，災害救助法は発動されない．大規模な都市火災の場合には自然災害と認められる．

　災害救助の内容は，人命救出や避難所での寝具や炊出しのような応急対策に限られ，被害を受けた住宅については応急修理だけに限定される．

　災害救助法では，避難所で食事（図10.4参照）などの心配はいらないが，生活保護法では他法が優先し，避難所で生活している人は生活保護は受けられない．仮設住宅（2年を限度とする）に入ると生活保護は受けられる．

（6）災害弔慰金の支給等に関する法律

　自然災害で死亡すると災害弔意金の支給等に関する法律により遺族に災害弔慰金（死亡者が生計維持者の場合に500万円，その他の場合に250万円），怪我で重度の障害を被れば災害障害見舞金（生計維持者の場合に250万円，その他の場合に125万円）が支給される．この財源は国が1/2，都道府県が1/4，市町村が1/4を負担する．なお，低所得者に限り保証人付きで災害援護資金が貸して貰えるが，返済しなければならない．

図 10.4 避難所での食事の配給

(7) 災害復旧対策

1) 災害復旧事業：社会基盤や文教施設や厚生施設や農林水産業施設の被害に対しては，公共土木施設災害復旧事業費国庫負担法により，災害復旧事業が被災した年を含めて3年で完了するように実施される．生活関連施設も一部災害復旧事業として実施される場合もあるが，それぞれ公営事業・公益事業として復旧される．
2) 災害融資：被害を受けた農林漁業者や中小企業者や低所得者などに対して，災害融資関連法により通常より緩やかな条件で各種の融資が行われる．
3) 災害補償：国が税をとって補償費として支給する方法で，農業災害補償法，漁業災害補償法，漁船損害補償法などの災害補償関連法により，被災農林水産業者の損失が補償される．
4) 税の減免等：災害被害者に対する租税の減免，徴収猶予等に関する法律により，所得税法による雑損控除など，申告によって税金の減免がある．
5) 地方交付税および地方債：被災地方公共団体に対して，特別交付税，地方債の許可などの処置がとられる．
6) 激甚災害の指定：被害が甚大な災害については，激甚災害に対処するための特別な財政援助等に関する法律（激甚法と通称される）により，激甚災害と指定されると，災害復旧事業等に対する各種の特例措置がとられ，国の地方自治体に対する財政援助や被災者に対する助成が行われる．

10.3　災害の予知と通報・周知

都道府県においては，高度情報ネットワークを構築して防災情報システムを整備す

る．気象台から配信される地震情報（震源の位置，各地点の震度，津波の予測と情報）と火山情報と気象情報（注意報，警報情報，台風位置情報，津波情報，天気予報，アメダス降雨短時間予報，風向風速情報）に加えて，国の出先機関や都道府県のほか，他の公共機関の所有する情報を都道府県が設ける防災センターのホストコンピュータで処理し，管内および関係する防災を担当する各機関へ無線回線を利用して配信する．たとえば，降雨量の予測がなされると，河川流量の予測から，河川の洪水予報警報が河川管理者から通報される．津波の到達予想情報や津波の第1波観測情報も通報される．例として，大分県の防災情報システムの概要を図10.5に示す．

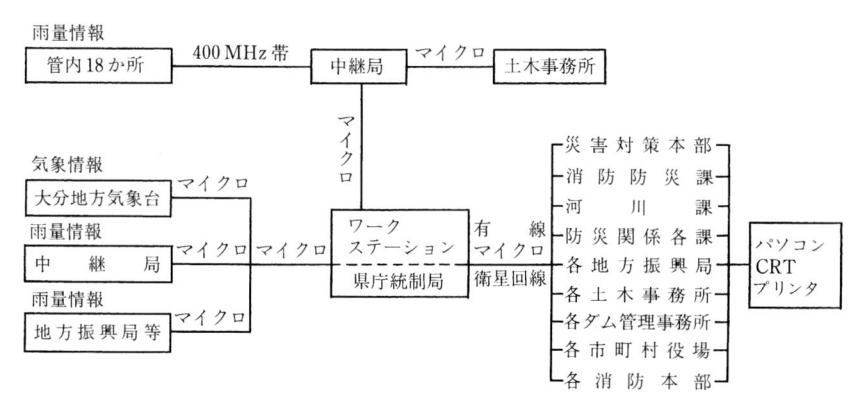

図 10.5 大分県防災情報システム40)

　国民はテレビやラジオなどにより，台風や豪雨などの気象情報，火山噴火についても，初期の小規模な段階から，情報は即刻事前に十分に周知することができるようになっている．津波も地震発生と間髪を入れずにテレビやラジオなどで報道される．しかし，震源地が近い場合には，津波の襲来は地震発生後数分とかからず速いことから，警報を周知させる暇のないことが多い．それで海水浴や釣りやサーフィンなどを楽しむために海岸地帯にいる人々は，地震を感じたら地震すなわち津波と考えて，自らの判断と行動により直ちに高台へ避難し，津波の危険から自らの命を守るようにしなければならない．

　地震はまだ予知することは無理とされていて，2.11節～2.14節で前述したように，大地・空・音波などの異常現象や動物の異常行動などで異変を感じた場合には，人々は地震が来るものとして地震対策を講じることが望まれる．

10.4 災害対策の体制

(1) 災害予防
わが国では，風水害対策などは河川の高水流量を200年確率などで策定して，過去に災害がなくても確率論的に想定して対策を立てている．

一方，地震災害対策は同じ災害を2度と繰り返さないというのが基本であって，過去の最大の地震を対象として耐震構造などの対策を行っている．過去にない巨大地震を想定して対策をとるのは贅沢とされている．そして，本格的な地震対策を行う場合，1箇所の地質調査でも億単位の費用がかかるので，数千年に1度とされる内陸直下型活断層地震に対する備えをどうするかが問題となる．また，地震の前兆をとらえて地震を予知する研究を進める一方，2.10節で述べた誘発性地震（人為性地震）を逆用して小さな地震を誘発し，地殻に溜まった歪エネルギーを分散することも地震対策の課題として海外で研究されているが，実現には無理がある．

(2) 防災意識の高揚と防災知識の普及
防災活動を進めるためには，国民一人一人の自覚と協力が必要である．このために，学校教育やコミュニティ活動を通じて，防災に関する知識の普及と防災意識の高揚が図られる．とくに，9月1日を「防災の日」とし，8月30日から9月5日までを「防災週間」として，防災フェアや防災講演会を開催したり，防災訓練をするなど，多彩な行事が行われる．

(3) 防災訓練
災害が発生した場合，または発生するおそれがある場合を想定して，防災関係機関，地域住民，地域の団体等が協力して，予警報の伝達，避難，消火，救助などの訓練を行う．とくに「防災の日」や「防災週間」の日曜日には，国や地方自治体が関係機関等と連携して総合訓練を実施する（図10.6参照）．

(4) 自主防災組織
災害が発生した場合には，地域住民が防災関係機関と一体となって，消防，水防，被害者救助，避難・誘導を行うことが大切であり，これが被害の拡大を防ぎ，円滑に防災活動を進める上で重要となる．このために，地域住民の連帯意識に基づき，自主防災組織が結成されて，日頃からの防災訓練などを実施することが望ましい．

(5) 企業の災害対策
企業の危機管理マニュアルは，①従業員に死傷者が出ない，②行政が機能する，③協力工場の応援体制が期待できるという前提に立っていることが多い．

企業の災害対策マニュアルとしては，従業員とその家族の安全確保を第一とし，生

図 10.6　防災週間の総合訓練

産再開を重点とするのではなく，地域の社会システムの復旧までも組み込んだ防災計画を必要とする．行政との対話を密にして，非常事態に個人がどう対処するかのマニュアルを全員に徹底させる必要がある．具体的には，①食料と水の備蓄，②社員への非常もち出し袋の配布，③社員の非常時連絡網の見直しと確立，④本社機能の分散，⑤ホスト・コンピュータの分散，⑥通信手段の多様化，⑦物流ルートの見直し，などの日頃からの準備が必要とされる．

(6) 防災基地

災害時には災害対策活動の拠点として機能し，平常時には防災に関するPRや教育や訓練などの活動の場として機能する防災基地を設ける．東京都立川市にはヘリポートの付いた広域防災基地が設置され，南関東地域での広域的な災害に対しての応急災害対策活動の拠点となっている．

(7) 観測通信施設

防災活動の円滑化のために，気象衛星，気象レーダ，地震計などの観測機器・設備を整備する．災害応急活動に必要な装備機材としては，NTTなどの公衆通信回線が途絶するものとして，災害時にも機能しうる防災無線通信網や防災放送施設や輸送機器などを整備する（図10.7および10.8参照）．

(8) 避難所

避難所については，下記について考慮しなければならない．

1) 学校や公民館などが指定されるが，阪神大震災では兵庫県全体の34%に当たる383校もの学校が避難所となり，被災者の約60%に当たる18万人余を受け入れた（図10.9参照）．なお，第1次避難所としては小学校が多いが，火が迫った場合には広域避難所に移らねばならない．

図 10.7　大分県庁の屋上に設けられた衛星通信用カセグレンアンテナ（大分県提供）

図 10.8　大分県の衛星通信車載局（大分県提供）

図 10.9　平成 16 年新潟県・福島県豪雨のときに避難所となった学校の体育館（国土交通省提供）

2）都市公園などの公共施設も災害時において緊急避難所となる．ただし，すぐ近くの小さな都市公園などに避難すると，水も出ず，ガスも電気もない．

3）被害の軽微な近隣都市などに避難するように誘導するとよい．そうでないと，救助や消防の戦力が避難の援助に食われる．

（9）応急物資の確保

災害時の住民の生命と健康を守るために，地方公共団体を中心に，主食や水などを確保する．非常食料としては乾パンなどの確保を図るとともに，米などについて，災害の発生した都道府県や近隣の都道府県での政府手持米の状況を把握して，災害時の米などの円滑な供給を図る．また，災害時には水道施設は破損するものと考えて，11.4節で述べる応急貯水槽を設置するほか，給水車両などの整備を図る．

（10）国際緊急救助隊

国連欧州本部（在ジュネーブ）の人道援助局（DHA）は，地震や風水害などの被害に対して，短期集中型の支援の災害援助を行うものであるが，ここに登録されている救助隊は20以上もあり，イギリスの国際救助隊（IRC），スイスの救助犬などもある．なお，国連本部（在ニューヨーク）の人道援助局（DHA）複合的非常事態部は紛争などに絡む政治色が強い援助を担当している．わが国では昭和62年（1987年）に国際緊急援助隊に関する法律が制定され，新東京国際空港（成田空港）に機材などが準備されている．

（11）ボランティア活動

日本赤十字社をはじめとして，さまざまな団体がボランティア活動を行っており，地方自治体によっては防災ボランティア団体の登録が行われている．被災地の自治体からボランティア活動の要請があると，業務ごとに登録されている団体に業務内容を伝えて派遣する．保険料は派遣する地方自治体の負担となる．

地震などの被災地に派遣されたボランティアの危険度応急判定士は，建物などの緊急調査をして，各棟ごとに，①立ち入り禁止の赤マーク，②立ち入り注意の黄マーク，③立ち入り安全の緑マークを貼付する．また，地震や豪雨による土砂災害から住民を守るために砂防ボランティア制度があり，砂防ボランティアは，6.3節で前述した斜面判定士を含めて，被災時に高齢者などの避難誘導から砂防ダムなどの防護施設の点検まで幅広い分野で活躍する．

このほか，各種のボランティア団体の制度化が検討されており，ボランティア団体に法人格が与えられると，収益事業を除いて免税される．

なお，ボランティア団体の救援活動は国内だけではなく海外にも及んでいる．平成8年（1996年）2月3日夜に，中国の雲南省北部の2,000m級の山岳地帯で発生したM 7.0の雲南地震では，約178,000棟の建物が倒壊し，死者250人，負傷者約16,000

人（うち重傷者約3,800人）で，被災者は約33万人にも達したが，岡山に本部を置くアジア医療チーム（AMDA）は，早速5日朝には現地に向けて出発している．

(12) 阪神大震災の教訓

阪神大地震（兵庫県南部地震）では，震度計が故障し，通信回線も遮断して，連絡体制が一貫していなかった．さらに，子供や高齢者対策，液状化現象への対応，近隣自治体を含めた広域的協力体制が不十分であることなどが露呈された．直ちに道路を閉鎖して緊急車両と重病人を乗せた車以外を規制すべきであった．また，交通機関などの社会基盤（インフラストラクチャー）と，電力，上水道，下水道，ガス，電話などの生活関連施設（ライフライン）が寸断された場合の早期復旧やバックアップ体制などの不備が露呈された．阪神大震災では，それ以前に自治体で策定された防災計画が十分でないことがわかり，全国の自治体で防災計画が見直されるようになった．

(13) 老人の避難対策

平成16年（2004年）に発生した風水害において，238人の死者が出たが，うち126人が65才以上の老齢者であった．また，同年10月23日に発生した新潟県中越地震において，死者46人のうち25人が老齢者であった．これによって老人の避難対策が検討されるようになった．

10.5 消防活動

アメリカのロサンゼルスでは，消火用水として普通の上水道のほかに，災害用の高圧水道が設けられ，さらに，市内に約150箇所の地下貯水槽があるほか，消防艇も装備されていて，四つの独立した消防系統をもっている．

昭和23年（1948年）に制定されたわが国の消防法によれば，大地震などで火災が同時発生した場合に，消防活動の優先順位は，第1に市役所・警察・消防署・病院などの防災を担当する公共建築物となっており，第2に避難所と避難用道路であって，余裕があれば一般道路の確保となっている．

阪神大震災で消防署の建物の防災構造が不備で，出入口のシャッターが地震の振動で開かず，また消防車どうしが衝突して出動が遅れた．また，各地からの応援消防車が渋滞に巻き込まれて間に合わなかった．

災害時に空中から消火活動をするヘリコプターの導入が検討されている．迅速な消火活動をするために，火災現場と消火剤の補給基地との間をより早く往復する必要から，ヘリコプターは高速飛行にも耐えられなければならない．また，消火剤を散布すると重量が軽くなって揺れが大きくなる欠点があるので，揺れを少なくして安定度を高める構造とする必要もある．

10.6 救急医療体制

救急医療体制としては下記の事項の配慮が望まれる．
1）10.4節で前述した防災基地は，救急医療体制の拠点となる．
2）人口約100万人につき1箇所の割合で，病院が救急センターに指定されており，救急医療体制の基幹病院となっている．
3）市町村では市町村単位もしくは一部事務組合で市町村民病院を設置して，地域における災害時の救急活動の中心拠点として整備することが望ましい．
4）救急医療体制はヘリコプターで移送することを原則とし，基幹病院である救急センターには専用ヘリポート，少なくとも臨時ヘリポートを設ける．
5）他の自治体から応援する医療チームは，救急医療器具を積載したバスのほかに，人員のすべてが寝泊まりできるバスやワゴン車などを用意する．
6）国，地方公共団体，日本赤十字，関係業界等により，医療救護活動に必要な医薬品，医療資機材の調達，備蓄体制の整備を行う．
7）海上自衛隊の輸送艦は臨時の病院船として装備できるようにする．
8）大学医学部で救急医療の講義を行い，救急医療の専門家の養成を図る．
9）基幹病院である救急センターは災害時でも交通途絶とならないような位置を選定する．神戸市ではポートアイランドにある中央市民病院が救急センターに指定されていたが，阪神大震災のときに交通が途絶した．
10）基幹病院を含めて，公的病院は阪神大震災と同じ震度7にも対応できるように耐震性を高め，その他の災害に対する防災化をも図る（図10.10参照）．

図10.10 阪神大震災のときに途中階が潰れて死傷者が出た神戸市の西市民病院

10.7 自衛隊との連携

　阪神大震災では兵庫県からの自衛隊の派遣要請が遅れた．この経験から，10.2節（2）項で前述した⑦の災害発生時の応急措置の項目が追加され，都道府県知事の要請を受けなくても，震度5以上の地震，火山噴火，津波警報の発令のあった場合に，自衛隊は自動的に自主派遣することになり，緊急車の通行に障害となる車両の移動や，警察や消防と同様の権限をもつことになった．また，日頃から自治体と自衛隊との共同訓練の実施，ヘリコプターの離着陸場の確保，自治体への自衛隊連絡幹部の日常的派遣などが必要とされるようになり，救助のために救助犬を養成し，ファイバースコープなどを整備することも検討されている（図10.11参照）．

(a)

(b)

図 10.11　阪神大震災のときの自衛隊の活動

第11章 社会基盤と生活関連施設

社会基盤（インフラストラクチャー）が災害を被ると，その復旧には日時を要して，施設によっては数年かかる場合がある．生活関連施設（ライフライン）はこれよりも早く，阪神大震災では3か月以内に応急復旧している．

11.1 都市型地震災害

わが国の生活関連施設の耐震構造としては，プレート間型の地震を対象としていて，直下型の地震に対する設計は考えていなかった．過去において直下型地震に襲われた都市としては福井市と鳥取市があるが，農村地帯に囲まれた都市であったために生活関連施設の被害はあまり目立たなかった．しかし，昭和53年（1978年）に発生した宮城県沖地震では，仙台市などで上水道の水道管や都市ガスのガス管が継目で破損するなど，生活関連施設が大きな被害を被った．

この地震被害を契機として，11.3節で後述する防災幹線道路を指定し，ここに地下共同溝（図11.1参照）を設けて，上水道，下水道，都市ガス，電力，電話，ケーブルテレビ（CATV），光ファイバーなどの生活関連施設を収容し，避難所や防災基地などの災害救援所へのアクセスがいつでも可能であるように整備することが計画されるようになった．

また，阪神大震災を契機として，情報ハイウェー構想により，すべての電線類を地

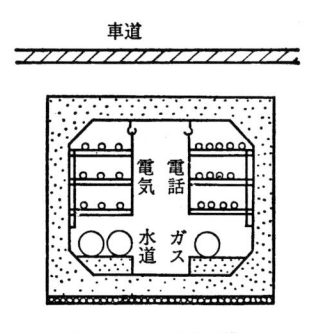

図11.1 地下共同溝

下共同溝などに収納する計画が立てられるようになり，少なくとも，キャブ・システム（CAB・SYSTEM）か，電線類だけを集めた電線共同溝（C・C・BOX）の整備が災害対策として必要とされるようになった．

11.2 アメリカの地震対策（ロマプリータ地震の経験）

どこの国も大きな地震に遭遇すると，それを教訓として耐震設計を考えるようになり，それ以降の構造物は強固なものとなる．アメリカでは，1906年のサンフランシスコ大地震と1933年のロングビーチ地震を契機として，1961年に道路橋の設計に耐震設計が導入された．さらに，1971年のサンフェルナンド地震で道路橋が大被害を受けたことから，1974年に設計震度を2～2.5倍にし，橋脚のじん性を高めるために鉄筋コンクリートの帯鉄筋を増し，落橋防止装置を導入した．1989年にロマプリータ地震が発生したが，新しい耐震設計法で設計された橋梁は被害を受けていない．わが国でも大正12年（1923年）の関東大震災を契機として橋梁には耐震設計が導入されたが，これが一つの大きな地震対策である．

新しい耐震設計以前に建設された構造物についても耐震補強を行うことが重要である．カルフォルニア州では古い設計基準で設計された橋梁について落橋防止装置を設置することにしたが，25,000橋以上もあって整備は遅れていた．ロマプリータ地震が発生して，古い橋梁のうち，3橋が落橋し，9橋が大きい損傷を受け，13橋が中程度に損傷し，65橋が軽微な損傷を受けた．2層構造のコンクリート橋梁である延長約2kmのサイプレス高架橋は倒壊し，その後に高架橋は撤去された．オークランド・ベイブリッジは全長13.4kmのサンフランシスコ湾をまたぐ2層構造の橋梁であるが，E9橋脚上で上層の桁が地震によりはずれて落ちた．前述した2.5節参照．

ロマプリータ地震は地震規模からみると中程度であったが，サンフランシスコ湾岸地域は大きな被害を受けた．これは都市が近代化し，情報化社会になったが，生活関連施設の耐震性の確保を忘れていたために都市の被害を大きくした．加えて，軟弱地盤上の構造物の耐震設計の重要性も教えられた．

カルフォルニア州は日本の消費税に当たる州税を5％から6％へ値上げし，復興費用の財源として賄った．

11.3 社会基盤（インフラストラクチャー）

わが国では，新潟地震や十勝沖地震などで，耐震設計の鉄筋コンクリート構造物が崩壊する被害が起きて，耐震基準や防災対策の見直しが必要とされた．宮城県沖地震

ではブロック塀が多数倒壊して多数の死傷者を出したことから，土木構造物や建築物の耐震基準の見直しが行われるようになった．歴史的地震や活断層の分布を調べて，内陸直下型地震にも対策が講じられるようになった．

（1）道路

道路でも（2）で述べる鉄道でも，交通ネットワークを構築する場合に，基幹的ネットワークを整備することが重要であるが，災害時のバックアップ体制とバイパス路線の設定も重要である．ネットワークシステムづくりでは，リンクに寸断があった場合に，ほかのリンクまたはノードにすばやく切り替え，寸断しているネットワークの支援措置を講じることが大切である．

災害時でも被害を被らずに緊急車両が通行できる防災幹線道路をあらかじめ指定しておき，それに沿った計画設計とする必要性がある．防災幹線道路は水害にも強く，地震・津波のほか，他の災害にも考慮したものでなければならない．災害に強い道路であるためには下記の事項に配慮する．

1）一般道路の路面は地震のためによる亀裂が生じるが，これは防ぎようがない（図11.2参照）．しかし，路面の亀裂の復旧は早い．
2）高架橋梁はいろいろなことに配慮してピルツ構造とすることがあるが，ピルツ構造は荷重が50％も増えてトップヘビィとなり，地震の被害が大きいことから避けた方がよい．阪神大震災では周辺の建築物が無事でも高架の高速道路が倒壊したこ

図11.2　地震による路面の亀裂　　　　図11.3　崩壊したピルツ構造の高架道路
　　　　　　　　　　　　　　　　　　　　　　　　（建設省（現：国土交通省）提供）

とから多くの批判を呼んだ（図11.3参照）．
3) 1本足の橋脚は破壊する危険が高いので（図11.4参照），橋脚は門型ラーメン構造の方が望ましい．
4) 橋脚上の橋桁の両端をワイヤなどでつないで，落下を防止するようにする．これは松代群発地震のときに応急措置として実施して効果があった（図11.5参照）．これがなかったために，新潟地震で道路橋の橋桁が落下し，阪神大震災でも多数の橋桁が落下した（図11.6参照）．

図11.4　破壊した1本足の橋脚

図11.5　松代群発地震での橋桁をワイヤでつないだ応急措置

図11.6　阪神大震災での橋桁の落下

（2）鉄道

　鉄道は通路として鉄軌道を建設し所有しなければならないが，この鉄軌道を建設することが莫大なる費用を必要とし，また安全な構造であることを必要とする．そして，もともと，鉄道は地域性があって迂回路やバイパス化の難しいものであり，鉄道にはネットワークが欠けていることが多く，防災対策としてのネックとなっている．

　阪神大震災で鉄道施設は大損害を被り，鉄筋コンクリート高架橋の被害が大きかったが，一つの不思議な現象がある．それは鉄筋コンクリート高架橋で被害を被ったものはすべて戦後に建設されたものであり，昭和50年代に建設されたものもある．それに引き換えて，昭和初期に建設されたものには被害が少ない．これは昭和初期のものは余裕をもって設計されているが，戦後のものは技術の進歩で設計をギリギリまで合理化した結果であるとされている．

　そして高架橋が崩壊した主因は，予想を超える激しい横揺れによって柱が途中で左右や斜めにずれるせん断破壊が起こり，その後に破損した柱が上部のレールなどの荷重に耐えられなくなったためとされている．柱に大きく作用した地震動は垂直力よりも水平力であるとされ，横揺れが崩壊の引金となった．

　なお，上記の経験を含めて災害に強い鉄道とするために下記に配慮する．
1）河川敷だけでなく広く遊水池である土地では高盛土ではなく橋梁とする．
2）高い盛土は地震で崩壊する危険が高い（図11.7参照）．
3）鋼製橋脚も水平方向に破断する危険がある（図11.8参照）．
4）鉄筋コンクリート柱は帯筋が細くて少ないと座屈する．柱の途中で鉄筋を減らす
　　"段落し工法"は避けなければならない（図11.9参照）．
5）海砂を使うと塩害による鉄筋の腐食もあり，骨材によってはコンクリート骨材の

図11.7　三陸はるか沖地震で崩落した高い盛土の鉄道地盤

図 11.8　阪神大震災で鋼製橋脚が破断して崩壊した鉄道高架橋

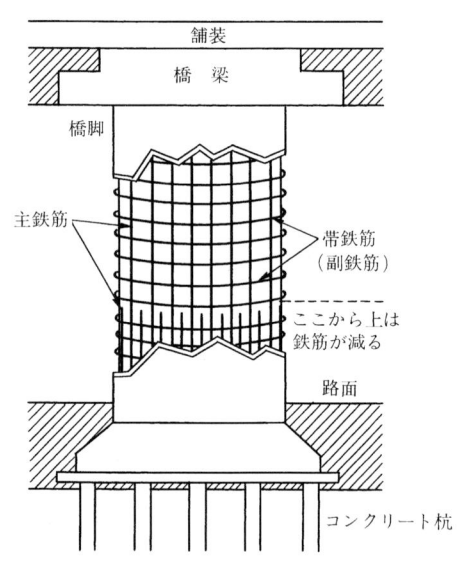

図 11.9　鉄筋コンクリート柱の"段落し工法"

アルカリ反応を生じてコンクリートに亀裂が生じることがある．
6) 鉄筋コンクリートの施工不良が致命傷となることがある．
7) トンネル工法のうち，浅い開削工法は地震に弱い．

(3) 港湾

　鉄筋コンクリート製のケーソン（潜函）基礎を用いた岸壁は強い地震動には弱い．ケーソンの中に土砂を詰め込み，海底部に直接並べるだけでは 200 gal 程度にしか抵抗できない（図 11.10 参照）．ケーソンの底面の面積を広くするか，ケーソンから海底深くまで貫く杭を用いなければならない．

図 11.10　阪神大震災で動いたケーソン（潜函）基礎を用いた岸壁

　港湾施設の耐震設計の基準には，特A，A，B，Cの4段階（重要度係数）があり，東京港，横浜港，川崎港は特A基準が適用されている．神戸港はBの基準が適用されていたが，阪神大震災後はA以上が適用されることになった．

（4）空港

　空港は広大な敷地を有することが特徴であるが，その位置は活断層を避けなければならない．人工島や埋立地の場合には，地震による液状化現象に対処するために，6.3節で述べた対策工法を用いるとよい．なお，地震による地割れの被害は，滑走路にクラックが入る程度であるに過ぎず，復旧は早い．

　空港の旅客ターミナルビルは，①屋根を軽くし，②地震の揺れを吸収する骨組みの柔軟性，③ガラスの破損を防ぐためにガラスと骨組みの間の継目には揺れと変形を伝えない工夫，などの耐震構造とすると，ほとんど損傷はない．

（5）河川工作物

　地震の影響により，砂質性の堤防は地盤が液状化することなどから，堤防の本体が沈下陥没したり土砂崩壊することがある．天端のコンクリート舗装が大破したり，高潮対策として設けられているパラペットも崩壊することがある．従来，堤防の設計には地震の揺れは考慮されていないが，今後は地震を考慮に入れる必要がある．スーパー堤防の場合は地震に対して安全であるので，堤防のスーパー堤防化が望ましい（前掲の図 5.14 および図 11.11 参照）．

（6）河川に架かる橋梁

　河川に架かる橋梁の橋脚の基礎は十分に深く根入れしておく必要がある．河川の出水時に橋脚の基礎がえぐられる危険性がある（図 11.12 参照）．

図 11.11　阪神大震災で沈下した淀川の堤防のかさ上げと復旧工事

図 11.12　出水により基礎がえぐられて傾いた橋脚（上田市大石橋）

11.4　生活関連施設（ライフライン）

(1) 上水道

　三陸はるか沖地震では八戸市を中心として3万世帯で上水道が断水した．阪神大震災では神戸市を中心に65万世帯で上水道が断水した．

　わが国の上水道管の最低強度は地震災害を想定しておらず，通常の使用を基準にしている．そして，全国で上水道管は約47万9千km敷設されているが，材質の弱い石綿セメント管が多く，また，長年月間も地下に埋設されたままであることから鋳鉄管も腐食するなどして問題が多い．

　昭和55年（1980年）に日本水道協会の作成した「水道敷設耐震工法指針」に基づいて厚生省は各自治体に上水道の耐震化を進めるよう通知しているが，強制力はない．

11.4 生活関連施設（ライフライン） **179**

耐震性の面で更新の対象となるのは，石綿セメント管や敷設後20年以上経過した鋳鉄管やコンクリート管などの水道管であって，その延長は16万8千km（地球4周分）にも達する．震度7の地震にも耐えられるためには，これらの水道管を鋼管や塩ビ管など地震に強いものに置き換える必要がある．このほか，冷却・洗浄用の工業用水道も同じである．

また，従来の配管の接合部分の継目は地震に弱く，配管の継目を耐震性のものに取り替える必要がある．継目がネジ込み式で一部が波型の蛇腹式になっている耐震性の強い上水道管は，普通の上水道管に比べて3〜4割コスト高であることから，あまり普及していないが，防災対策としては使用が望ましい．

上水道施設として緊急時に給水能力が低下することがないように，取水施設や浄水施設などを耐震化したり，また配水池の容量を増やして最小限12時間分の給水に対応できるようにするとともに，浄水施設や配水池に緊急遮断弁を設置して地震による無駄な漏水を防ぐ必要がある．

また，緊急の水源として，地下の深いところに直径の大きな配水管を埋設し，災害時には配水管が巨大な地下タンクとして機能するようにする．このほか，多くの箇所に給水拠点を設けて地下または地上に大きな貯水槽を設置し，貯水槽には常に上水道水が循環していて新鮮な状況を保つようにする．これらの水は災害時に避難所の自家発電装置による施設で汲み上げられるようにする．

上水道事業は地方自治体の公営事業として独立採算で行われていて，耐震性の強い上水道管の敷設を義務づけることは各地方自治体の財政を圧迫し，上水道料金の値上げにつながることから，強制することはできない．しかし，大きな地震に見舞われた経験のある北海道釧路市や青森県八戸市などでは，度重なる地震の経験から，耐震性の強い上水道管を使用して上水道施設の耐震化を進めたことから，その後に地震が発生しても破損していない．

（2）下水道

地震による下水処理場やポンプ場が被害を受ける原因は，液状化現象，側方流動，施設底版高さの不均等であることが多い．そして，水槽内の継手部や，管廊の継手部が開いて汚水や地下水が流入して被害が生じ，管廊の導水管や流入管などの管渠の配管が損傷する．対策として，水槽内には継手部をできるだけ設けないようにし，管廊の継手は伸縮性に富み止水性を保持できる継手を用いるようにし，配管ラインの設計には可撓性を配慮する．

処理場以外の管渠は道路の地下に埋設されるために，処理場とは異なって被害が見えないことが多い．それで管渠の中を直接目で見るために，遠隔操作による移動式テレビカメラで調べる．管渠の被害は，①ひび割れ，②破壊，③接続部のずれのほかに，

④土砂の堆積がある．①②③については，各種の工法で対処するが，長期間にわたる機能低下は免れない．④については高水圧で土砂を洗い流す方法がとられる．対策として，機能的に代替のない重要な水路・配管については複数化することが必要である．

（3）都市ガス

上水道と同じく都市ガスの施設も耐震構造であることが望ましい．宮城県沖地震や北海道東方沖地震や三陸はるか沖地震や阪神大震災などではガス管の被害が大きく，他の生活関連施設に比べて復旧に日時を要した．

東京ガスは大地震を想定して，区域を10のブロックに分け，約3,300箇所に地震計を設置し，建築物崩壊につながる揺れを感知すると，自動的にその地域への供給を停止するシステムとしている．地震やガス漏れの異常時に各家庭への供給を自動的に止めるマイコンメーターは90％以上普及している．また，震源の深さを測る基盤地震計などで感知したデータを本社の防災救急センターへ送り，被害状況を予想するシステムを導入している．

（4）プロパンガス

都市ガスは地震の被害を受けると広範囲に影響を受けるが，プロパンガスは各戸ごとにボンベが設置されているために都市ガスに比べて影響は小さい．阪神大震災では，各戸のガス漏れ点検を行うだけで復旧ができ，しかも，復旧時における2次災害も発生しなかった．また，阪神大震災時における被害者の仮設住宅では，機動性に優れたプロパンガスが利用された．この阪神大震災の後，ライフラインの確保という見地から，都市ガスの普及している地域でもプロパンガスを使用する動きも出ている．

また，プロパンガスにおけるマイコンメーターの普及率は99％を超えている．マイコンメーターで電話回線を利用した集中監視システムも普及しつつあり，地震などによるガス漏れの異常が発生すると，リアルタイムに把握できるだけでなく，必要があれば，集中監視センターから各戸のガス供給を停止させることも可能である．

なお，工場などのバックアップ電源の発電用燃料として，プロパンガスを使用している企業もある．

プロパンガスは，従来，各戸でガスのボンベをチェーンで壁に固定する方法が主流であったが，近年は住宅より一定の距離をおいて，専用の基礎の上に固定したバルク貯槽やバルク容器による供給が普及しつつある．

（5）電力

地震で被害を受けるのは，火力発電所，変電所，架空送電線路，地中送電線路，配電線路，通信施設であって，そのうちの土木施設の受ける被害を大別すると，①護岸の移動・沈下，②発電所構内の地盤沈下，③設備基礎の沈下・傾斜であって，基礎地盤対策が非常に重要となる．なお，電柱や空中の電線類は地震で倒れて交通の障害と

なって緊急車両の通行を妨げることもあることから（図11.13参照），災害に強い電力施設としては，11.1節で述べた共同溝などのいずれかを用いて電線類の地中化を図ることが必要とされる．

地震直後での生活環境の復旧を目指して，電力の早期復旧を急ぐあまりに，家屋が崩れた状態で通電すると，損傷していた電線がショートしたり，電源の入ったままの暖房器具に電気が入って火事となることが多い．阪神大震災で通電後のショートが見られ，火災発生の原因の多くはこれではないかとされる．

図11.13　阪神大震災で倒れた電柱と電線

(6) 電話 (NTT)

通信事業者は防災対策として，①交換機など電話加入者に大きな影響を及ぼす設備は阪神大震災と同じ震度7の地震にも耐えられる耐震構造とするほか（図11.14参照），②停電対策として蓄電地と自家用発電機を併用し，③通信ケーブルが切断された場合の非常用通信手段として応急ケーブルをあらかじめ用意し，④無線の衛星回線を確保して線路の複線化を図り，⑤11.1節で述べた共同溝などのいずれかを用いて，電力と同じくケーブルの地中化を図る必要がある．

災害時には被災地に電話が集中することから，被災地の電話交換機がパンクする危険があって，これを防ぐためにNTTは被災地以外からの発信側の地元局でブロックして発信規制を行うようになっている．阪神大震災の場合に，一般電話が50倍も殺到して自動的に規制がかかり，95％がかからなかった．

地元局の発信規制をくぐり抜けて被災地までかけるテクニックは，一つは発信規制のない公衆電話を使うことである．公衆電話は非常用という見地から規制はかからないが，ピンク色の公衆電話は一般電話と同じであって，緑とグレー（デジタル式）の公衆電話は警察などの緊急用と同じで規制がかからない．

図 11.14　阪神大震災で傾いた NTT のマイクロウエーブ鉄塔

　二つ目は同じく発信規制のない 100 番通話（通話料金を後で知らせる通話，料金は割高となる）を使えばよい．三つ目は海外からの通話にも規制がないので，海外にいる知人に頼んでかけて貰うこともできる．

　携帯電話の通信システムは一般電話と別となっているために規制は多少緩いが，阪神大震災のときに 7 倍も殺到して規制がかかっている．もちろん，基地局などが地震で壊れた場合には通話できない．なお，被災地では，自宅の電話が不通の場合に，公衆電話は規制がかからないことから公衆電話を利用するとよい．しかし，地震のときは停電することが多く，公衆電話の電源が切れてテレホンカードは使えないので，10 円玉などの硬貨を多数用意しなければならない．

　利用者側の災害対策として，被災地で避難するときに，電話機が外れていないかチェックすることが必要で，また，日頃から親戚知人間に連絡網を作り，被災地以外からは 1 人が電話をかけて知らせ合うシステムが必要とされる．

第12章 建 築 物

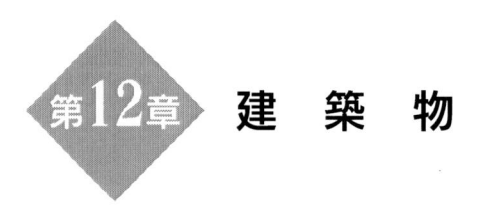

12.1 悪い地盤と建築物の基礎

　地盤の悪い場所では，地震のときに地盤自身が破壊されて建築物を支えきれなくなる．そして木造建築物は揺れやすく，地震に際して壊れることが多い．

　13.2節で後述するように，昭和19年（1944年）に発生した東南海地震で，震源地に近い紀伊半島は比較的地盤が固かったために被害は少なく，遠距離であっても地盤の軟弱な名古屋市の埋立地や静岡県の太田川流域では大きな被害を生じた．このことは，地震対策として，軟弱な地盤の場合，耐震設計を考えなければならず，地震による斜面崩壊も生じることをも教えた．

　地盤の悪い場所とは図12.1で示すように，①海や湖沼や水田を埋め立てた箇所，②地下水位の高い砂地盤の箇所（液状化現象が起きやすい），③深い沖積層の箇所，④谷を埋め立てた盛土箇所などをいう．昔は河川の氾濫にまかせて自然の遊水池となっていたような場所では，農耕地として用いて建築物を建てなかったが，最近，大都市の郊外で，このような地盤の悪い場所でも住宅地として開発されるようになった．

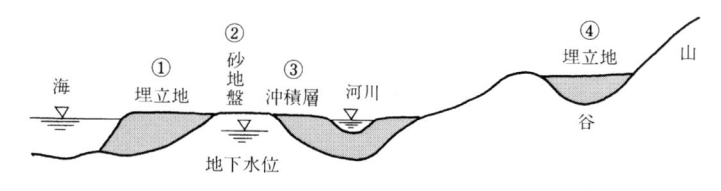

図12.1　地盤の悪い場所

　このような地盤の悪い場所では建築物の基礎を十分に強くするだけでなく，同じ地震でも軟らかい地盤の方が揺れは約20％も大きいことから，建築物自体も強固なものとする必要がある．軟らかい地盤の深さが深いほど揺れが大きいことから，同じ基礎工を施工しても，軟らかい地盤ほど基礎を深くせねばならない．なお，②液状化は側方流動をもたらす危険性がある．以上から，防災上の観点から，活断層や軟弱地盤

上の建築物の建築規制が必要とされている．

12.2 宅地造成の規制

　昭和37年に「宅地造成等規制法」が成立した．図2.10で前掲した北海道東方沖地震の例のほかに，阪神大震災などでも傾斜地の擁壁が崩壊して，2次災害の危険のある民間宅地の数百箇所について「宅地造成等規制法」に基づいて改善勧告がなされた．被害が一定基準を満たせば，都道府県が公共事業として費用の80～90％を負担して施工される．

　昭和37年以前の造成地では「宅地造成等規制法」の安全基準で復旧すると，石積擁壁では傾斜を緩やかにせねばならず，宅地となる平地が削られて宅地がなくなり，家が建てられなくなる場合もある．たとえば，阪神大震災で神戸市垂水区星ヶ丘3丁目で，高さ約15mの急斜面の擁壁が崩壊し，地盤が流失し，6軒の家が半分宙に浮いた状態となったが，基準に沿って復旧すると宅地は残らない．再建には，何人か協力して傾斜地を利用した共同住宅の方法をとるしかなかった．

12.3 建築物の耐震構造

(1) 建築基準法

　「建築基準法」は建築物の敷地，構造，設備，用途に関する最低の基準を定めて，国民の生命，健康，財産の保護を目的とする法律である．しかし，設計から工事完了検査まで建築士の業務に含まれているので，個人は同一人の建築士にすべてを依頼することになり，個人住宅では手抜き工事が行われた場合に，施工不良でもわからない．これが原因で地震により家屋が倒壊し，住人が圧死するだけでなく，倒壊家屋が道路を塞いで消防車などの緊急車両の通行を阻害して火事を大きくする．阪神大震災で倒壊したマンションで施工不良が発見されたことなどから，建築物の安全性は個人の問題ではなく，都市防災の問題となった．

　アメリカで導入されているように，個人の建築物といえども設計どおりに安全に施工されているかどうか，第三者による工事完了検査体制が必要とされるようになった．これは設計した建築士や施工業者から独立した民間の検査官が手抜き工事がないかをチェックするシステムであって，建築士でも行政経験を有する者などを有資格者とし，費用は建築費の1～2％で済むとされている．欠陥住宅対策である．

　なお，民法上では瑕疵担保責任期間が設けられていて，建築物が完成して引渡しを受けてから木造なら5年，鉄筋コンクリートなどの場合には10年間の保証期間があ

る．この期間に隠れた瑕疵が発見されたならば，1年以内に補修か，損害賠償か，または二つを併せて請求することができる．

（2）マンションの被災度判定基準

財団法人日本建築防災協会の「震災建築物等の被災度判定基準及び復旧技術指針」によれば，マンションについて下記のように決めている．

軽微・小破：耐力壁などの損傷が軽微で，階段室周辺などにひび割れが発生．
中破：柱・耐力壁などにひび割れが発生し，非構造体に大きな損傷が発生．
大破：ひび割れで鉄筋が露出し，耐力壁に大きなひび割れができるなど耐力が著しく低下する．
崩壊：建物全体または一部が倒壊する（図12.2参照）．

図12.2　阪神大震災で傾いたマンション

（3）地震による被害

昭和53年（1978年）に発生した宮城県沖地震は都市型地震災害の典型であり，鉄筋コンクリート建築物が大きな被害を被った．

平成7年（1995年）に発生した阪神大震災では，建築基準法の改正された昭和56年（1981年）以前の建築物に被害が大きかった．改正以前の建築物は，改正以後の建築物に比べて3.7倍の倒壊被害があった．そして，犠牲者は生後1か月の赤ちゃんから103才の老人まで含めて，87％は建築物の倒壊による圧死で，他は地震後に発生した火災に巻き込まれての焼死が多かった．なお，古い由緒ある建築物も倒壊した（図12.3参照）．

平成17年（2005年）8月16日に発生した宮城県沖を震源とする震度6弱の地震（$M\,7.2$）では，幸いにも死者は出ず，被害は零と言ってもよかった．しかし，仙台市内で直前の7月1日に開業したばかりの屋内プールでは，吊り天井が落下し，多

図12.3 阪神大震災で倒壊した淡路島洲本の先山千光寺の六角堂

図12.4 中米ニカラグアの首都マナグアにある古いスペイン統治時代の建物

数の負傷者を出した．原因は吊り天井の設計に耐震構造の配慮がなかったことによるものとされている．

（4）地震・火事に強い構造

中米ニカラグアの首都マナグアでは，地震で新しい鉄筋コンクリート建築物は崩壊したり焼失したものの（前掲の図2.8参照），スペイン統治時代の古い建築物（図12.4参照）が地震に耐えて残っている．これは費用を惜しみなく投じ，窓が少なく，壁の多い耐震構造の建築物であることが原因である．また，10.4節で前述した中国の雲南地震では，新しい建築物は耐震構造としていたために壊れず，耐震構造でなかった古い建築物は壊れた．

古くから言われていることに，木造家屋では地震のときはトイレの中に逃げろとされている．これは面積の狭い割合には柱や壁が多く，構造的に地震に強いからであり，トイレと風呂場だけは残ったという例がある．そして，地震のときには落下物による

怪我が多いが，トイレや風呂場には頭上にはあまり物がないので他の部屋に比べて危険が少ない．しかし，地震のときにトイレに逃げ込んだら扉を開けておかないと，地震で家がゆがんで戸が開かなくなることがある．普通の部屋ではテーブルや机の下に潜り込むことはよく知られている．

日本式木造家屋の地震対策について下記に述べる．

1) 盛土した土地は地盤として弱いことから，3年以上（できれば5年以上）放置して自然圧密沈下を待つか，ローラーなどの建設機械で十分転圧する．
2) 図12.1で示した悪い地盤に建てる場合には，12.1節で述べたような対策を怠ってはならない．
3) 耐火能力の高い建築物は類焼を止めるものである．また，建ぺい率を低くして隣家との間隔を開けるとよい．
4) ピロティ構造や壁の少ない構造（図12.5参照）を避けること．

図12.5 阪神大震災で傾いた木造建物

5) 基礎工事の土工事をおろそかにすると不等沈下の恐れがある．
6) 基礎コンクリートでは，下に入れる割栗石などの基礎工のほか，鉄筋を所定どおりに入れ，コンクリートの養生などを十分行わねばならない．
7) 基礎コンクリートと土台を繋ぐアンカーボルトは，①数多く設けること，②所定の長さがコンクリートに埋まっていること，③ナットからネジ山が二つ以上出ていること，④ボルトが土台の真ん中にあることが必要である．

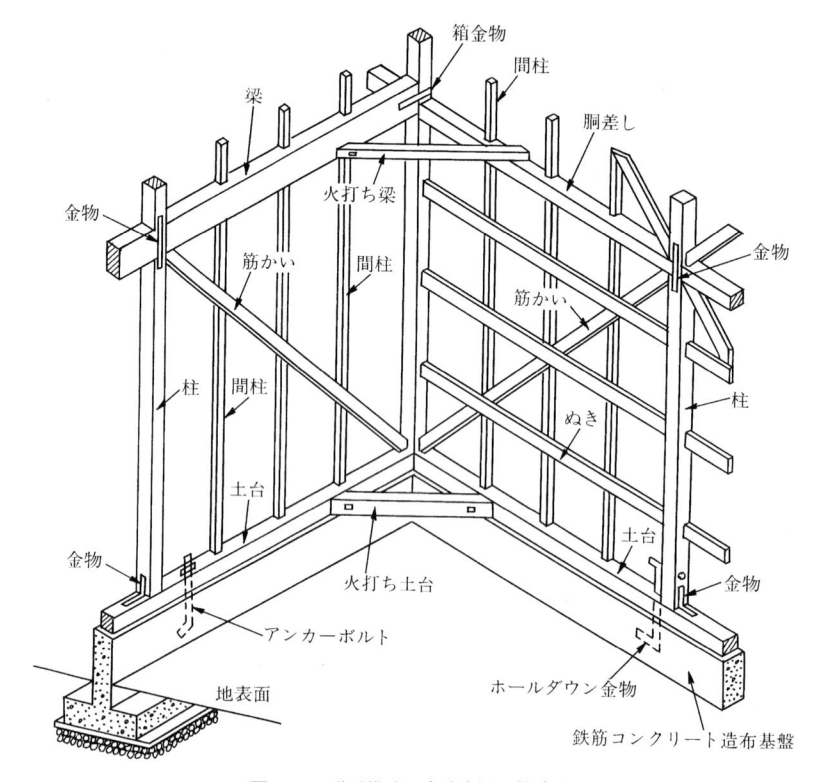

図 12.6　耐震構造の木造家屋の設計[51]

8) 筋かいが少ないと地震や台風に弱いので，必要量を入れること．
9) 日本は湿気が多くて窓を多くする傾向があるが，できるだけ窓を少なくして，壁を多くするとよい．
10) 基礎コンクリートと柱をホールダウン金物でつないだり，柱どうし，柱と土台，柱と横架材，筋かいと柱と横架材，などの接合部分を補強するために金具でつなぐなど，継手には建築金具を用いる（図 12.6 参照）．
11) 屋根に土を載せて瓦屋根とする場合に荷重が重くなる．なぜ重い瓦屋根が発達したかといえば，日本は風水害が多く，瓦が飛ばないように重くせざるを得ないからである．しかしトップヘビィとなって地震には弱い．
12) 通し柱の本数を多くする．
13) 柱は 3 寸 5 分角のものが用いられることが多いが，できれば間柱を除き，4 寸角以上の太い柱が望ましい．
14) 窓ガラスには熱や振動に強い網入りガラスを用いて防火構造とする．

15）燃えやすいカーテン類は使わない．
16）家屋の設計のときにタンスなどをはめ込み式とするとよい．既存の家屋の場合には，タンスなどを柱や強固な壁に金具を用いて固定する．
17）既存の家屋でタンスなどを固定する金具を取り付けできる柱や強固な壁がない場合には，応急策としてタンスの上に何かを詰めるとよい．

12.4　木造建築物のリフォーム

（1）虫害

　シロアリは雑食性で木材（立木を含む），畳，衣類，図書，皮革品，などを好み，とくに湿った木材を好んで加害する．土台などの木材だけでなく，土中に埋められた木切れ，木杭，切株などが営巣の場所となる．とくに風水害で冠水した土地は水分を大量に含むことから，後日にシロアリが発生しやすい．

　木食い虫の食害のあとは木材が粉状となる．土台，床，天井板などが被害を被る．防腐・防蟻対策が義務づけられており，防薬剤で処理する方法がとられるが，木材の加工前に薬剤処理される．この防腐剤の効果は長くても6～7年であるので，数年ごとに手入れするほか，床の周辺の隅などにナフタリンの粉末などの薬剤を散布するのもよい．

　虫害を被った木造建築物は地震には極端に弱くなる．このほか，塗装などの修繕をこまめに施工する必要がある．

（2）リフォーム工事の施工

　木造建築物は，（1）項で前述した虫害のほかに，降雨による痛みや通風不足による腐りをはじめとして，年月とともに痛みが発生する．これに加えて新築時に手抜き工事のある場合もある．これが12.3節（1）項で前述したように，地震発生時の防災対策としての大きな欠陥となる．

　対策として，木造建築物は適時リフォームの施行を必要とするが，個人の場合，素人であるがために，悪質業者にだまされやすく，問題が発生している．アメリカでの欠陥住宅対策としての第三者による工事検査体制をまねて，新築時だけではなく，リフォーム工事についても，第三者による検査体制が望まれている．少なくても建築士による検査を必要とし，場合によっては技術士による検査も望ましい．

第13章 破綻

災害が巨大となると経済の破綻をきたす．災害の原因は各章で述べた地震であり，火山噴火であり，津波であり，風水害であり，土砂災害などである．風水害でも大災害の場合があるが，破綻を来すほどのものには地震の場合が多い．

13.1 地震による災害

地震とは自然の現象であり，人間活動のない広野の真ん中で地震が発生しても災害とはならない．しかし，人の社会活動は時代とともに発展し，それにつれて災害は増大し，大都市では災害が大きい．旧ユーゴスラビアの北部に位置して独立国となったスロヴェニアでは約100年ごとに大きな地震があるといわれ，1894年の地震では首都リュブリャーナが壊滅した．

文明が進むほど，地震の発生による生命，財産，社会秩序などの破綻状況は新しい問題を提起する．社会基盤のなかには地震の洗礼をまだ受けたことのない大規模または複雑な構造物があったり，また，都市機能は，上水道，下水道，都市ガス，電力，電話などの生活関連施設によって支えられているので，近代都市が巨大地震に見舞われると大変な災害となる．阪神大震災や中越地震などは，上水道，下水道，都市ガス，電力，電話の普及率が100％の近代都市で発生したのである．

今世紀に発生した地震の記録によれば，地震の規模Mと死者数とはあまり関係がない．死者の多く出た原因は，①中国の唐山地震や旧ソ連邦のアルメニアのスピタク地震のように家屋の倒壊であり，②関東大震災のように家屋の火災であり，③ペルー地震のように斜面崩壊による大量の土砂流出である．これらの経験から，①のように粘土などで造られているため地震に弱い家屋（図13.1参照）に対しては構造物の耐震構造，②に対しては家屋の防火性能，③に対しては安全な場所での立地などの対策がとられるようになった．

具体的には，地震により，多数の死傷者を出すほか，道路や鉄道の交通機関を中心とする社会基盤や，上水道，下水道，都市ガス，電力，電話などの生活関連施設の損壊に加えて，ビルや家屋をはじめとする建物が破壊されるという大きな災害を受ける．

図 13.1 中国の家屋は粘土でできていて地震に弱い（韶山にある毛沢東の生家）

さらに，同時多発火災を発生することが多い．このほかに，地震により崖や法面の崩壊を生じて災害を発生したり，地盤沈下を生じることもある．

13.2 日本の破綻

（1）関東大震災（関東地震）による破綻

関東大震災では約70万棟の建物が被害を被り，死者14.3万人（当時の東京府下の人口は約400万人）を出すとともに，被害総額は当時の金額で55億円にも達した．この金額は当時の日本の国富の約25％であり，国民総生産額（GNP）に比べて約1/3にも達する巨額であり，当時の財政規模の20億円に比べても3倍近い大変な金額であった．日本の災害史上最悪の被害を出したために，政府は地震直後にモラトリアム（支払い猶予）を発令し，日本銀行は市中銀行救済政策をとった．そして巨額の復興事業のために止むを得ず国債と公債の大量発行をしたが，これは一時的に需要を喚起したものの，通貨膨張や大量の手形未決済を生じた．そして財政が悪化するとともに，銀行の企業に対する不良債権が増え，これがために昭和2年（1927年）の金融大恐慌を招いた．やがて，1929年にアメリカで始まった世界大恐慌の巨大な波を日本もかぶることになった．

（2）天災と国防

昭和9年（1934年）に発行された「天災と国防」という本がある．この本では"世界に冠たる帝国陸海軍はあっても戦争の最中に列島を縦断するような大地震に見舞われたら，帝国の機能は喪失し，戦争どころでなくなる．陸海軍のほかに，天災に対する科学的国防の常備軍を設けるべき"としている．

(3) 隠された大地震

　第2次世界大戦において日本の敗戦を早めたのは，2.7節で前述した東南海地震と三河地震と，3.5節で前述した有珠岳噴火であるとされている．

　東南海地震は，昭和19年（1944年）12月7日，紀伊半島からわずか30 km沖の熊野灘沖の南海トラフを震源としたM 8.0のプレート間型の関東大震災クラスの巨大地震である．名古屋市ほかで震度7（後年設定）の激震で，津波が三重県尾鷲市で波高6 mにも達し，三重県のほか愛知県下と静岡県下に，家屋の全壊26,130棟，半壊46,950棟，流失3,059棟，焼失11棟という大きな災害をもたらし，死者1,223人，負傷者2,135人であった．震源地に近い紀伊半島は比較的地盤が固かったために被害は少なかったが，遠距離であっても地盤の軟弱な名古屋市の埋立地や静岡県の太田川流域では大きな被害を受けた．その原因は軟弱地盤の上に，戦争に間に合わせて，耐震設計を考慮しない急造のバラックの軍需工場を建てたことにある．

　続いて発生した三河地震は，昭和20年（1945年）1月13日，三河湾北岸を震源としたM 7.1の内陸直下型の地震である．愛知県渥美半島で断層を生じさせ，23,700棟の家屋が倒壊し，名古屋市付近の航空機工場で動員されていた多くの学生をはじめとして，2,306人の生命が奪われた．

　当時は太平洋戦争の終わりの頃で，わが国は戦争が不利な状況にあり，真相が知れることを政府は恐れ，これらの情報を極秘にし，被害の実態は調査も報道もされなかった．真実は史上最大規模の大変な災害で，B29戦略爆撃機2万機が来襲して爆弾を投下したのと同じ被害を被ったという．日本の経済は破綻し，軍需生産，とくに航空機生産に大きな影響を及ぼし，制空権を失う結果となり，わが国の敗戦を早めたともいわれている．以上から，この東南海地震と三河地震は報道管制で"隠された大地震"とよばれている．

(4) 風水害による災害

　わが国で昭和以降の大風水害とされる災害の被害についてつぎに述べる．

1) 昭和13年（1938年）7月5日の阪神大水害による被害：家屋の全半壊約8,600棟，死者616人，負傷者1,011人．
2) 昭和20年（1945年）9月の枕崎台風による大水害の被害：家屋の全壊55,934戸，死者・行方不明は3,128人．
3) 昭和22年（1947年）9月のキャサリン台風による大水害の被害：死者・行方不明1,930人，被災者は164万人．
4) 昭和28年（1953年）6月の西日本水害による被害：死者・行方不明1,028人，重軽傷者27,000人を超え，直接被害額は1兆円．
5) 昭和34年（1959年）9月26日の伊勢湾台風による被害：名古屋市で死者・行

方不明 1,909 人，重軽傷者約 4 万人，伊勢湾周辺全体で死者・行方不明 5,012 人，物的被害は 5,500 億円．
6）昭和 57 年 7 月 23 日（1982 年）の長崎豪雨水害による被害：長崎県下で，全半壊家屋 1,538 棟，床上浸水 17,909 棟，死者・行方不明 299 人，被害総額約 3,000 億円（図 13.2 参照）．長崎市だけでも，死者・行方不明 262 人，うち土砂災害による死者は 231 人．

図 13.2　長崎豪雨水害における斜面崩壊
（建設省（現：国土交通省）提供）

7）平成 5 年（1993 年）7 月～8 月の鹿児島豪雨水害による被害：鹿児島県内で，家屋の全壊 730 棟，半壊 1,087 棟，死者 120 人，行方不明 1 人，重傷者 47 人，軽傷者 301 人，被害金額は 3,002 億円．
8）平成 12 年（2000 年）9 月 11 日～12 日の東海豪雨による被害：東海 4 県で死者 10 人，愛知県内の被害総額は約 7,800 億円．
9）平成 16 年（2004 年）7 月の新潟県・福島県豪雨：新潟県中越地方を中心として，死者 15 人，重傷者 1 人，住宅の全壊 22 棟，半壊・一部損壊 238 棟，床上・床下浸水 25,131 棟．
10）平成 16 年（2004 年）の台風による主な被害：表 13.1 参照．

（5）阪神大震災の影響

阪神大震災では，全壊約 10 万棟，焼失約 7,500 棟を含めて，家屋の被害は約 436,000

表 13.1 平成 16 年の台風による主な被害（(社) 日本損害保険協会提供）31)

発生年月	台風名	住家被害		人的被害		支払保険金
		全・半壊	一部損壊	死亡・行方不明	負傷者	
平成 16 年 8 月	16 号	124 棟	7,037 棟	17 名	267 名	793 億円
平成 16 年 9 月	18 号	957 棟	42,183 棟	45 名	1,301 名	2,673 億円
平成 16 年 9 月	21 号	352 棟	1,963 棟	27 名	97 名	231 億円
平成 16 年 10 月	22 号	411 棟	4,495 棟	8 名	167 名	207 億円
平成 16 年 10 月	23 号	8,094 棟	10,235 棟	97 名	551 名	885 億円

棟にも達し，死者 6,433 人（87％は圧死），負傷者 43,177 人という大きな被害を被った．日本の年間の国内総生産額（GDP）は約 468 兆円で，兵庫県下はそのうち 4％強であることから，これから兵庫県下の資本ストックを推計すると約 55 兆円となる．兵庫県下の 20％の地域のストックが地震で失われたと推定されるので，約 11 兆円の被害額となるが，日本の財政規模は 70 兆円を超えているので，その約 1/7 に過ぎない．また，日本の国富は 3,200 兆円もあることから，関東大震災のときのように日本の経済が破綻するような心配はないとされている．

しかし，兵庫銀行が破産した．バブルの崩壊による不良債権の影響もあるが，阪神大震災による 11 兆円という地域経済の損失で融資先の倒産などによる不良債権の増大が原因とされている（図 13.3 参照）．

図 13.3 阪神大震災におけるビルの倒壊

淡路島の洲本市の実質の震度は 5 であったが，気象庁洲本観測所のミスで当初に神戸市と同じ震度 6 とされ（神戸市と北淡町は震度 7 と訂正），しかも政府が阪神・淡路大震災対策本部なる名称を用いたことから，人々は淡路島全体が神戸市と同じく廃虚となったと勘違いした．観光地である洲本市と南淡町（現：南あわじ市，鳴門海峡

の渦潮観潮船の出る町）への観光客は途絶し，観光ホテルは閑古鳥が鳴き，休業となったり，従業員が解雇されて失業するなどの破綻が起こった．

以上から本書では阪神・淡路大震災とはせずに阪神大震災とした．

平成のバブル崩壊による銀行の不良債権は約40兆円とされたが，その実状は100兆円を超えているという．阪神大震災後，銀行から潰れる心配のない郵便貯金へ大量に貯金が流れた．

13.3　地震による経済破綻の国際化

現在のように文明が栄えると，地震が発生した場合に，生命，財産，社会秩序などの破綻状況は大きい．そして，近代都市が地震に見舞われた場合，2次的影響を加えると，予測が不可能なほど破綻状態は大きい．しかも，国際化が進む今日，他国に影響を及ぼす可能性が指摘されている．

金融社会は国際化し複雑化していて，近代化社会は常に新たな2次災害を生じる．もし，関東大震災クラスの地震が現在の東京を中心とする首都圏で発生するとすれば，家屋の1/3は倒壊し，死者は約2.5万人にも達すると予測されている．その場合に，生命保険会社が支払うべき金額は；免責条項を発動しないと仮定すれば，約20兆円になる．生命保険会社は支払うべき資金として，自己の所有する証券や国債公債を売って調達することになるが，大震災で大きな被害を受けた国内では証券や国債公債を売るに売れないから，外国に投資した証券類を売ることになる．生命保険会社は約20兆円の外国証券をもっているので，これを売ることになる．投資信託なども同調するであろうから，ニューヨークのウォール街の証券市場は大暴落し，ロンドンの金融街も同じで，日本に影響が返ってくる．東京に巨大地震が発生すれば，日本経済は破綻し，世界を大恐慌に巻き込む恐れがあるとされている．

参考文献および引用文献

1) 金子史朗；ノアの大洪水，講談社現代新書（1975年）
2) 宮村忠；水害，中央公論社中公新書768（1985年）
3) 大熊孝；洪水と治水の河川史，平凡社（1988年）
4) 鳥海勲；災害の科学，森北出版（1984年）
5) 水谷武司；水害対策100のポイント，鹿島出版会（1985年）
6) 林健太郎；天災と人災，東京大学出版会（1975年）
7) 大屋鐘吾・中村八郎；災害に強い都市づくり，新日本出版社（1993年）
8) 三沢千代治；天災人災，ミサワホーム総合研究所（1984年）
9) 石井一郎ほか：景観工学，鹿島出版会（1990年）
10) 亀野辰三，佐藤誠治：都市を代表する街路における街路樹の属性と道路の横断構造の関係，第16回交通工学研究発表会論文報告集（1996年）
11) 都市デザイン研究会：都市デザイン・理論と方法，学芸出版社（1981年）
12) 杉江啓二；古代人と災害，全測連1991年新年号（1991年）
13) 金子史朗；世界の大災害，三省堂（1978年）
14) 酒田市；酒田大震災から100年（1993年）
15) 松井宗広；火山噴火災害に威力，土木学会誌 Vol.80-2（1995年）
16) 太田一也；雲仙普賢岳の火山活動と災害，土木学会誌 Vol.78-14 付録（1993年）
17) 中村一明；火山の話，岩波新書（1978年）
18) 中村一明；火山とプレートテクトニクス，東京大学出版会（1989年）
19) 伊藤和明；巨大地震と大噴火，世界文化社（1993年）
20) 松本征夫；火山の一生，青木書店（1987年）
21) 久保寺章；火山噴火のしくみと予知，古今書院（1991年）
22) NHK取材班ほか；火山列島日本，日本放送協会（1991年）
23) 伊藤和明；火山噴火予知と防災，岩波書店（1987年）
24) 久保寺章；火山の科学，NHKブックス（1973年）
25) 村山磐；世界の火山災害，古今書院（1992年）
26) 山下文男；津波ものがたり，童心社（1990年）
27) 吉村昭；海の壁，中央公論社（1970年）
28) 力武常次；日本の危険地帯―地震と津波―，新潮社（1988年）
29) 武者金吉；地震に伴う発光現象の研究及び資料，岩波書店（1933年）

30) 村上処直・伊藤和明；地震と人，同文書院（1984年）
31) （社）日本損害保険協会；多発する台風災害に備えて（2005年）
32) 首藤伸夫；北海道南西沖地震に伴う津波とその教訓，土木学会誌 Vol. 78-8（1993年）
33) 岩崎敏男ほか；米国ロマプリータ地震調査速報，土木技術資料 32-2（1990年）
34) 岩崎敏男；ロマプリータ地震の調査概要，土木技術資料 32-2（1990年）
35) 日本応用地質学会；防災地質の現状と展望（1987年）
36) 宇井純；技術導入の社会に与えた負の衝撃，国際連合大学（1982年）
37) 飯島伸子；足尾銅山山元における鉱害，国際連合大学（1982年）
38) 東海林吉郎；足尾銅山鉱毒事件，国際連合大学（1982年）
39) 疋田誠，北村良介；1993年鹿児島豪雨災害，土木学会誌 Vol. 79-5（1994年）
40) 大分県；防災ハンドブック・大分県高度情報ネットワーク（1995年）
41) 矢野勝太郎；有珠山周辺の土石流災害，土木技術 Vol. 34-9（1992年）
42) 建設省土木研究所砂防研究室，1783年浅間山噴火に伴う洪水（泥流の分布域）（1992年）
43) 石川芳治，松井宗広；雲仙普賢岳における土石流・火砕流災害と対策，土木技術資料 37-11（1995年）
44) 垣見俊弘；関東地方の地震と地殻活動，丸善書店（1974年）
45) 佐々木康；世界の地震対策を考える，土木技術資料 32-4（1990年）
46) 藤井友竝，川島一彦；エジプト・カイロ地震およびインドネシア・フローレス島地震の被害概要，土木学会誌 Vol. 78-7（1993年）
47) 土木学会関西支部；関西の土木 100 年（1958年）
48) 栗城稔ほか；ハザード・シュミレータの水防・避難活動への活用，土木技術資料 37-11（1995年）
49) 安田進；地盤の液状化と構造物，予防時報 158，（社）日本損害保険協会（1989年）
50) 大阪市臨時ガス爆発事故対策本部；地下鉄工事現場ガス爆発事故記録（1971年）
51) 東京都；わが家の耐震診断（1993年）
52) 川島一彦・宇多高明；平成 4 年 12 月インドネシア・フローレス島地震被害調査報告，土木技術資料 35-12（1993年）
53) 国土交通省；わが国の災害対策（1995年）
54) 国土交通省；わが国の地震対策（1995年）
55) 上田誠也；新しい地球観，岩波新書（1974年）
56) 石橋克彦；大地動乱の時代，岩波新書（1994年）

索　　引

あ 行

浅間山　58
足尾銅山　133
阿蘇山　62
雨水貯溜槽　98
雨　食　116
アメニティ空間率　152
飯田大火災　124
伊勢湾台風　88
インダス文明　82
インド洋大津波　74
有珠山　55
ウラン型原爆　127
雲仙普賢岳　63
液状化現象　113
エジプト文明　82
S 波　12
オゾン層　141
オゾンホール　142

か 行

海岸侵食　117
海　溝　17
海水湖水　36
海面上昇　139
街路幅員　151
鹿児島豪雨水害　90
火山性地震　12
火山灰　69
火山フロント　48
火山噴火　48
瑕　疵　3
河川工作物　177
河川争奪　67
河川法　95
活断層　17, 35
活断層型地震　18

カルデラ　49
河　食　117
関東大震災　125, 191
岩　板　14
管理瑕疵責任　3
救急医療体制　169
共振現象　13
橋　梁　177
空　港　177
口永良部島　65
下水道　179
原子力　143
建築基準法　184
黄河文明　82
高周波音　42
構造性地震　12
高速増殖炉　146
交通遮断機　4
港　湾　176
国際緊急救助隊　167
九重連山　62
コロンビア　67

さ 行

災害応急対策　160
災害救助法　161
災害対策基本法　158
災害弔意金の支給等に関する法律　161
災害復旧対策　162
災害予防　164
サイレント地震　17
酒田大火災　124
相模トラフ　21
桜　島　64
サブダクション・ゾーン　17
砂防ダム　69
砂防法　95

酸性雨　131
サンフェルナンド地震　20
サンフランシスコ大地震　20
自衛隊　170
紫外線　142
地震観測体制　157
地震雲　42
地震断層　18
地震波　12
地すべり　111
施設賠償責任保険　10
自治体賠償責任保険　10
地電流　38
自動車損害賠償保険　8
地鳴り現象　39
地盤沈下　118
社会基盤　171
斜面崩壊　109
樹高総幅員比　155
上水道　178
消防活動　168
植樹帯　155
地割れ　36
震源断層　18
侵食　115
森林法　95
水蒸気噴火　51
水防工法　97
水防組織　97
ストロンボリ式噴火　52
スラブ　48
駿河トラフ　23
スルツエイ式噴火　52
生活関連施設　171
雪害　100
戦時火災　126
セントヘレンズ火山　54
側火山　50
損害保険　6

た　行

大規模地震対策特別措置法　159
太平洋プレート　16
宅地造成　184

建物高街路幅員比　153
断層　17
地殻の構成　105
地下水　37
地球の温暖化　135
千島海溝　21
中越地震　27
鳥海山　57
超低周波音　43
津波　71
津波対策　79
低周波音　44
低周波地震　17
鉄道　175
天災と国防　191
電磁波　39
電力　180
電話　181
凍害　104
東海豪雨　91
道路　173
都市ガス　180
土砂災害　109
土石流　113
鳥取地震　125
トラフ　17

な　行

長崎豪雨水害　90
雪崩　102
南海トラフ　23
ニカラグア火山列　21
二酸化炭素　137
西日本変動帯　29
日本海溝　21
日本海東縁変動帯　24
熱水型地震　12
ノアの洪水　81
ノアの方舟　81

は　行

爆発事故　129
函館大火災　123
箱根火山　60

破綻　191	防災基本計画　158
発光現象　39，40	放射能　143
ハワイ式噴火　52	放射能汚染　145
ハロンガス　141	保険金　6
VAN システム　38	保険料　6
阪神大震災　32，125，193	歩車道幅員比　152
磐梯山　58	
氾濫原管理　7	**ま　行**
東日本火山フロント　24	マグマ　48
ピナツボ火山　55	三宅島　61
避難所　165	三原山　60
P　波　12	室戸台風　84
フィリピン海プレート　16	鳴　動　39
風水害　192	メソポタミア文明　82
吹きだまり　102	
富士山　59	**や　行**
不同沈下　118	誘発性地震　12，33
プリニー式噴火　52	ユーラシア・プレート　16
プルトニウム型原爆　128	
プレー火山　54	**ら　行**
プレー式噴火　53	落石注意　106
プレート　14	リソスフェア　15
プレート型地震　17	リフォーム　189
プレート間型地震　17	琉球海溝　24
プレート内型地震　17	ロマプリータ地震　172
プロパンガス　180	ロングビーチ地震　20
フロンガス　141	
ベスビオス火山　53	**わ　行**
防災基地　165	割れ目式噴火　52

編著者略歴

石井一郎（いしい・いちろう）神戸市出身
- 1948 年　東京大学工学部土木工学科卒業，建設省勤務
- 1967 年　建設省関東地方建設局大宮国道工事事務所長
- 1971 年　東京大学より工学博士の学位を受く
- 1972 年　建設省土木研究所道路部長兼東京工業大学非常勤講師
- 1974 年　東洋大学工学部土木工学科教授兼東京工業大学非常勤講師
- 1994 年　中野土建顧問，阪神測建顧問
- 2002 年　三城コンサルタント顧問，著述業・写真家

共著者略歴

丸山暉彦（まるやま・てるひこ）京都市出身
- 1969 年　東京工業大学工学部土木工学科卒業
- 1973 年　東京工業大学大学院博士課程中退，同大学助手
- 1978 年　長岡技術科学大学工学部建設系助手
- 1979 年　長岡技術科学大学工学部建設系助教授
- 1980 年　東京工業大学より工学博士の学位を受く
- 1989 年　長岡技術科学大学工学部建設系教授
- 現　在　長岡技術科学大学名誉教授

元田良孝（もとだ・よしたか）東京都出身
- 1975 年　東京工業大学大学院修士課程修了，建設省勤務
- 1984 年　在フィリピン日本大使館一等書記官
- 1991 年　和歌山県道路建設課長
- 1992 年　東京工業大学より工学博士の学位を受く
- 1995 年　建設省近畿地方建設局大阪国道工事事務所長
- 1998 年　岩手県立大学教授
- 現　在　岩手県立大学名誉教授

亀野辰三（かめの・たつみ）大分県出身
- 1981 年　慶應義塾大学経済学部経済学科卒業，大分工業高等専門学校勤務
- 1985 年　大分工業高等専門学校土木工学科講師
- 1988 年　財団法人・地域開発研究所客員研究員兼務
- 1990 年　大分工業高等専門学校土木工学科助教授
- 1998 年　大分大学より博士（工学）の学位を受く
- 2000 年　大分工業高等専門学校都市システム工学科教授
- 現　在　大分工業高等専門学校名誉教授

若海宗承（わかうみ・ひろつぐ）埼玉県出身
- 1993 年　東洋大学工学部卒業，大都工業勤務
- 1998 年　一級建築士合格
- 1999 年　若海建設専務取締役，現在に至る

| 防災工学（第 2 版） | © 石井一郎（代表）　*2005* |

1996 年 10 月 4 日　第 1 版第 1 刷発行　　【本書の無断転載を禁ず】
2005 年 3 月 31 日　第 1 版第 7 刷発行
2005 年 9 月 30 日　第 2 版第 1 刷発行
2025 年 3 月 10 日　第 2 版第 7 刷発行

編著者　石井一郎
発行者　森北博巳
発行所　森北出版株式会社
　　　　東京都千代田区富士見 1-4-11（〒102-0071）
　　　　電話 03-3265-8341／FAX 03-3264-8709
　　　　https://www.morikita.co.jp/
　　　　日本書籍出版協会・自然科学書協会　会員
　　　　JCOPY <(一社)出版者著作権管理機構　委託出版物>

落丁・乱丁本はお取替えいたします　　　　印刷・製本／ワコー

Printed in Japan／ISBN978-4-627-45172-8